人生成熟的必由之路

恰到好处的挫折

超越挫折心理学

牧之◎著

台海出版社

图书在版编目（CIP）数据

恰到好处的挫折：超越挫折心理学 / 牧之著. --

北京：台海出版社, 2017.3（2018.9重印）

ISBN 978-7-5168-1349-2

Ⅰ.①恰… Ⅱ.①牧… Ⅲ.①挫折(心理学)－通俗读物 Ⅳ.①B848.4-49

中国版本图书馆CIP数据核字(2017)第050903号

恰到好处的挫折：超越挫折心理学

著　　者：牧　之

责任编辑：阴　鹏　　装帧设计：MM末末美书

版式设计：阎万霞　　责任印制：蔡　旭

出版发行：台海出版社

地　　址：北京市东城区景山东街20号　邮政编码：100009

电　　话：010－64041652（发行，邮购）

传　　真：010－84045799（总编室）

网　　址：www.taimeng.org.cn/thcbs/default.htm

E - mail：thcbs@126.com

经　　销：全国各地新华书店

印　　刷：保定市西城胶印有限公司

本书如有破损、缺页、装订错误，请与本社联系调换

开　　本：150×210　1/32

字　　数：108千字　　印　　张：7

版　　次：2017年6月第1版　　印　　次：2018年9月第2次印刷

书　　号：ISBN 978-7-5168-1349-2

定　　价：26.80元

前言
Preface

在漫长的人生中，我们总会遇到这样那样的挫折。成长的过程绝非一帆风顺，而是曲折坎坷，挫折丛生。挫折是人生必经的历程，是迈向成功殿堂必经的关口。

巴尔扎克说：“挫折和不幸，是天才的进身之阶，信徒的洗礼之水，能人的无价之宝，弱者的无底深渊。”生活中的挫折是不可避免的，既有正向又有负向功能：既可使人走向成熟、取得成就，也可能破坏个人的前途。关键在于你以怎样的心态、怎样的面貌去面对挫折。

历史上那些名人志士，哪一个没有在自己的生命之旅中遭受过挫折？然而他们凭借超人的心理素质和坚韧意志，将在别人看来不可逾越的挫折踩在了脚下，迎来了生命中的春天。一生孤苦不幸的贝多芬在双耳失聪之后，仍不忘告诫自己：要扼住命运的喉咙；海涅生前最后8年，手足瘫痪，视力微弱，但生命之火不灭，吟出了大量闻名于世的优秀诗篇；意大利旅行家马可·波罗曾蒙受牢狱之灾，但他没有一蹶不振，而是在热那亚的监狱里口述出蜚声世界的《马可·波罗游记》……他们的勇气产生于斗争中，产生于同困难的顽强抗争中。

挫折是对一个人心理的挑战，是对一个人勇气的验证，是对一个人意志的考验。只有那些经不起风浪，不敢接受命运挑战的人，才会被挫折吓倒，对于真正心中充满了热情，怀有坚定信仰的人，挫折不过是一顿午饭中吃出来的一粒小石子，第一次咬到时也许是碰痛了牙齿，但只要辨清它的方向，确定它的位置，就可以把它从口中的食物中分离出来，并抛弃它。

人，不经磨炼不成才；事，不历坎坷难正果。挫折和失败不仅是人的生命中不可回避的组成部分，而且它的出现可能使人的生命更加绚丽多姿。生命似洪水奔流，若一马平川，水势必然平缓，只有遇到岛屿和暗礁，生命之水才能激起美丽的浪花。

梅花香自苦寒来，阳光总在风雨后。挫折可以磨炼我们的意志，可以丰富我们的阅历，可以增长我们的见识，可以坚定我们的脚步；经历过挫折，可以让我们的双腿更加有力，可以为我们今后的人生道路做好铺垫，可以使我们在无数次的锤炼中臻于成熟、完美和强大。只有战胜了挫折，超越了挫折，我们才能品尝扑鼻的梅香，才能看见美丽的彩虹。

那么，这样的挫折，谁又能不说是一种有益的挫折呢？

本书是献给正在人生路上与命运搏击的广大读者朋友的一份厚礼。书中深入剖析了种种挫折心理及其背后的深层原因，引导你在挫折中如何调适心理、掌控情绪，教给你应对挫折的技巧和方法，从挫折中成长，获得坚强勇敢的个性品质。

希望本书能带给你一份成长的欣喜，一个健康的心态，一种进步的动力，一些改变的勇气和一颗不断超越的进取心。只要你能坚定信念，勇敢接受命运的洗礼，直面挫折，战胜挫折，超越挫折，你就可以最终拨云见日，踏上成功的大道，登上人生的巅峰。

目录
Contents

第一章

悦纳生命中的每一次挫折

心态决定成败，成功是一种心态，失败也是一种心态。生活是一面镜子，你对它笑，它就对你笑；你对它哭，它就对你哭。面对挫折，积极的心态最重要。无论面对悲伤还是逆境，乐观能扫除一切阴霾。

以积极乐观的心态面对人生的挫折，心灵会更潇洒豁达，生活会更绚丽精彩，人生会更自由豪迈。

心态决定成败

每个人都处在一定的社会环境和自然环境中，长期以来，我们已习惯于认为是环境制约了我们。其实，真正制约我们的并非是环境，而是我们的心态。在通往成功的路上，能否有一个良好的心态，直接影响着我们对周围事物的理解，决定着我们人生的成败。

心态的不同会直接影响一个人对事物的认识。不同的人对同样的事物有截然不同的认识和反应。即使是同一个人，在不同的心态下对相同事物的认识和反应也有迥然不同的情况。

事实上，心态在很大程度上决定了我们人生的成败。心态可分为积极心态和消极心态。积极心态的特点是信心、希望、诚实、爱心和踏实；消极心态的特点是悲观、失望、自卑、虚伪和欺骗。积极心态有助于发挥潜能，吸引财富、成功、快乐和健康；消极心态则排斥这些东西，夺走生活中的一切，使人终生陷在谷底，即使爬到了人生巅峰，也会被它拖下来。

一位微软的招聘官员曾对一个记者说：“从人力资源的角度讲，我们愿意招的‘微软人’，首先应是一个非常有激情的人：对公司有激情、对技术有激情、对工作有激情。可能在一个具体的工作岗位上，你会觉得奇怪，怎么会招这么一个人，他在这个行业涉猎不深，年纪也不大。但是他有激情，和他谈完之后，你会受到感染，愿意给他一次机会。”

始终以最佳的精神状态工作不但可以提升个人的工作业绩，而且可以给公司带来许多意想不到的成果。

麦克是一个汽车行的经理，这家店是 20 家连锁店中的一个，生意相当兴隆，而且员工都热情高涨，对他们自己的工作表示骄傲。

但是麦克来此之前，情形并非如此。那时，员工们已经厌倦了这里的工作，甚至认为这里的工作枯燥至极，公司中有些人已打算辞职，可是麦克用自己昂扬的精神状态感染了他们，让他们重新快乐地工作起来。

麦克每天第一个到达公司，微笑着向陆续到来的同事打招呼；他把自己的工作一一排列在日程表上；他创立了与顾客联谊的员工讨论会，他时常把自己的假期向后推迟。总之，他尽一切的热情和努力为公司工作。

在他的影响下，整个公司变得积极上进，业绩稳步上升。他的精神改变了周围的一切，老板因此决定把他的工作方式向其他连锁店推广。

那些每天精神饱满地去迎接人生的挑战，以积极的心态去发挥自己才能的人，都能充分发掘自己的潜能，克服挫折，进而获得成功。

感悟挫折　超越挫折

如何看待人生、看待挫折，由我们自己决定。无论在哪种环境中，我们都有一种最后的自由，就是选择自己正确的心态。心态，才是决定成败的关键。

积极心态的神奇力量

挫折面前，我们一定要保持一种积极的心态。在很多情形下，只要稍微调整一下我们的心态、我们的视点，使它处于良好的状态，我们就可以获得一个全新的环境感受。

我们的态度决定了我们的未来，它能够把扎根在我们心灵中的思想转化成有形的现实。对于那些被积极的心态所激励而成为成功者的人来说，任何挫折和逆境，都会同时产生一粒等量或更大能量的种子。

亨利·凯撒是一个成功的人，使用他的名字注册的几个公司拥有10亿美元以上的资产；同时，他的慷慨和仁慈使许多人能以很低的费用得到治疗。所有这一切都是因凯撒的母亲在他心田里播下了善良的种子。

玛丽·凯撒给了她儿子无价的礼物——教他如何发掘人生最伟大的价值。

在工作一天之后，玛丽总是花费一些时间做义务保姆工作，帮助不幸的人们。她常常对儿子说：“亨利，不从事劳动，就不能完成什么事情。如果我什么也不遗留给你，只留给你勤劳的意志，那么，我依然给你留下了无价的礼物——劳动的欢乐。”

积极的心态鼓舞着人们的自信和意志，在强大的毅力面前，没有什么困难是不能克服的。当你认识到自己积极心态的那一天，也就是你遇到的最有价值的一天。

积极的心态能成就你高贵的个性，是你成功的法宝，是你前进的动力，是你战胜挫折最有力的武器。积极心态能够使你获得人生中最有价值的东西。它能帮助你克服困难，发现自身的力量；它能帮助你走到竞争者的前面。

感悟挫折　超越挫折

心态是一种世界上最神奇的力量。希望和鼓励的积极心态，能让你战胜挫折，将人生提升到更高的境界；失望、怨恨和悲观的消极心态，则让你害怕挫折，使人生步入灰暗的境地。

精英心态造就精英

伟人的心态比常人更积极。西方思想家马尔比·巴布科克说：“最常见同时也是代价最高昂的一个错误，是认为成功有赖于某种天才，某种魔力，某种我们不具备的东西。”多少人因这一念之差而与成功背道而驰！

从成功学的角度来看，心态只有两种：积极和消极。面对相同的夕阳，有人低叹："夕阳无限好，只是近黄昏"（李商隐），这是一种心态的写照。

有人反对说："但得夕阳无限好，何须惆怅近黄昏"（朱自清），这是一种心理状态。

而有人则高歌："老夫喜作黄昏颂，满目青山夕照明"（叶剑英），这已全然是另一番境界。

人与人之间只有很小的差别，但这种差别却往往造成了人生结果的巨大差异：差别的产生来自人生的态度积极与否。

美国成功学院对1000名世界知名成功人士的研究结果表明：积极的心态决定成功的85%！

我们回想一下身边的人和事。同样都是聪明的孩子，学习成绩却有好坏优劣之分；学习不好，不是智力问题，而是不认真听讲，不认真做作业。"认真"是什么，认真并不是智慧，而是"心态"！同样是工人、职员，有人为五好员工、劳动模范，有人却为阿混，真正的区别仅在于谁更积极、更努力、更负责，而不主要取决于聪明才智和技能。积极、努力、负责都是"心态"。社会精英、领袖伟人，他们的成就取决于其付出甚至牺牲。愿意付出、牺牲，绝非方法问题，确确实实来源于心态。

让我们来听听两位举世公认的成功者，他们是怎么说的，其中一位靠"实干"而蜚声世界，另一位则靠"空想"流芳百世。他们就是天才的发明家爱迪生和天才的理论物理学家爱因斯坦。爱迪生说："天才是99%的汗水，加1%的灵感。"爱因斯坦说：

"人们把我的成功归功于我的天才，其实我的天才只是刻苦而已。"

不明白这个道理，就容易埋怨责怪：埋怨社会无机会，世道不公平，责怪别人冷漠无情，责怪自己生不逢时……可是我们想过没有，无论在任何社会环境里，总有人充满希望、快乐和幸福。

"任何时代，都是发挥你个性潜能的时代！"关键就在于，任何事物都有积极的一面和消极的一面，这就要看你的心态是积极的还是消极的。如果你是积极的，你看到的就是乐观、进步、向上的一面，你的人生、工作、人际关系及周围的一切就都是成功向上的；如果你是消极的，看到的就是悲观、失望、灰暗的一面，你的人生自然也就乐观不起来。

感悟挫折　超越挫折

心态不同，人生有天壤之别。成功的心态将你导向成功，失败的心态将你带向失败。要成为一个非凡的成功者，就要具备能经受任何失败打击、超越一切挫折的非凡心态。

你是否陷入挫败的心态

卡维娜是家庭中最小的一个孩子，自出生后一直体弱多病。她开始懂事时，便发现自己可以通过生病来引起忙碌不停的母亲的关心，当感冒发烧待在家里时，母亲会念书给她听、拥抱她、让她看所有她喜欢的电视节目、逗她玩等等。

卡维娜康复后，这一切美好的事情便不复存在了。由于意志薄弱和过于胆小，卡维娜成了同学们极好的戏弄目标。她不能自卫，只好求援于老师，好在老师慷慨地为她提供保护，通常同学们会受到斥责。

这两方面的经历，使卡维娜习惯于当自己受到欺侮时，要求别人给以援助，并让别人对她表示抱歉。进入大学后，她已完全对挫折泰然处之，并当作一种生活方式接受下来。毋庸说，她成为校园里的一名孤独者，很难适应大学里那不受个人感情影响的客观环境，并且，也没人对她感到奇怪。幸运的是，她在一家保险公司找到了一个管文书的职务，她谦虚沉默得就像无言的墙壁。每当她的文书归档工作出现些小差错而被人指出时，她便噘嘴不高兴，并讨厌办公室的姑娘们对她不断诉说发生在她们身上的种种不公平而又不幸的事情。

偶然的一个机会，卡维娜加入了一个群体训练班。在班上出于她习惯于挫折的性格，她从不参加任何讨论，也提不出任何场景，她为自己完不成任务找了各种理由。

通过集体的努力，通过几天对卡维娜的观察之后，卡维娜也认识到了她的问题所在：

一旦别人指出我的错误，我就生气，希望同事们对我所面临苛刻的条件加以评论并对我报以关心爱护。

在吃午饭时，我感到通过与人们交谈，他们会为我难过，并感到比我的条件优越，而对我施以援手。

当我在成长过程中受到忽视时，我总是得到父母的格外疼爱与关心；当我失败时能找到另外一份薪水更高的工作。

类似这样的情况在现实社会中大量存在，当一个人在竞争中失败后，他总是以别人对他表示的关心作为报偿，从而导致他永远不会真正地面对自己的缺点，他总以他人的歉意或善意的关心来弥补自己所失。

你是否陷入一种失败的心态？当我们遇到烦恼事和心情不畅时，都有可能表现出种种失败的心态，时而自我打击，时而有不现实的奢望，时而对自己抱有愧疚，时而感到恐惧。这都是正常的，是人的本能，对此应有思想上的准备。只有当你不断地、带有某种必然性地表现出以上说到的几种心理模式时，才表明你将有可能陷入一种失败的心态。当你决心把失败转变为成功时，你必须采取以下两个步骤：

第一个步骤是认识到自己可能陷入了哪一种失败心态。

第二个步骤则更复杂些，你必须找出生活中那些使你作出消极的、自我毁灭反应的信号。

感悟挫折　超越挫折

失败的心态贻害重大，一旦内心萌发失败意识，应当防微杜渐，及早做好心理调控，防止其继续蔓延。

不悲观失望，就没有绝望

在这个世界上，两种不同的人造就了两种不同的态度。悲观的人，用消极的态度应对人生；乐观的人，则用积极的态度应对人生。面对生活，悲观的人总是看到失望，甚至是绝望；相反，乐观的人却总是在失望中找到最后的一线希望。

一位父亲欲对一对孪生兄弟做“性格改造”。一天，他买了许多色泽鲜艳的玩具给一个孩子，又把另一个孩子送进了一间堆满马粪的车库里。

第二天清晨，父亲看到得到玩具的孩子正泣不成声，便问：“为什么不玩那些新玩具呢？”

“玩了就会坏的。”孩子仍在哭泣。

父亲叹了口气，走进车库，却发现那个被关在屋里的孩子正兴高采烈地在马粪里掏东西。

“告诉你，爸爸，”那孩子得意扬扬地向父亲宣称，“我想马粪堆里一定还藏着一匹小马呢！”

事实上，人所处的环境和自身的遭遇无所谓好坏，问题的关键在于你如何去想。悲观的人和乐观的人的差别恰恰在于对待事情不同的看法上。假如在你口渴的时候，看到了半杯水，那么你是选择为自己拥有半杯水而庆幸呢，还是不停地抱怨，怎么不是一杯或一桶水呢？

一位心理学家曾经做过一个试验，他让一批学生打电话给陌生人，让他们为某赈灾机构捐款。当他们打了一两次电话而毫无结果的时候，悲观的学生说："我干不了这事。"乐观的学生则说："我要换个法儿去试试。"

这位心理学家认为，如果感到失望，那一个人就不会去掌握获得成功所必需的技能。

乐观者之所以成功，是因为当事情一旦出差错时，他们总是尽力寻找出差错的原因，及时补救；在他们看来，成功应归功于自己的努力。而悲观者则是一味地抱怨、责备自己，为什么会出差错，他们把自己的成功视为一种侥幸。

悲观是事业成功道路上的有害细菌，它会不断地繁殖扩散，把人的心灵笼罩在阴影之下，使人失去了进取的动力；而乐观则如同明朗天空中的阳光，给人以无穷无尽的斗志和勇气。因此，一定要做一个乐观的人，不要让悲观占据你的心灵。

如果我们打开心窗，保持一种健康向上的心态，即使我们身处逆境，四面楚歌，也一定能看到窗外的美景。

感悟挫折　超越挫折

摆正了自己的心态，我们便会在一个愉悦轻松的环境中生活、工作，我们会感觉到每天都阳光灿烂，从而完全地放松身心、享受人生。

逆境中保持心灵的自由

有时候，当我们确实处于恶劣的客观环境中，无力无望改变现实，如何使自己不沉溺于败局，而保持开朗和拥有力量呢？

请看下面的一个例子：

弗洛伊德认为人的性格在幼年时期就已经定型，而且会影响人的一生，日后改变的可能性微乎其微。林克却否定了他的这种说法。

林克身为犹太裔心理学家，二战期间被关进纳粹集中营，遭遇极其悲惨。他的父母、妻子和兄弟均死于纳粹的魔掌，唯一的亲人就是一个妹妹；他本人更是受到严刑拷打，朝不保夕。

有一天，他赤身独处于囚室，忽然之间顿悟，产生了一种全新的感受——日后命名为“人类终极的自由”。当时他只知道这种自由是纳粹永远也无法剥夺的。从客观环境上来看，他完全受制于人，但自我意识却是独立的，超脱于肉体束缚之外，他可以自行决定外界的刺激对本身的影响程度。换句话说，在刺激与反应之间，他发现自己还有选择如何反应的自由与能力。

他在脑海里设想各式各样的情况，譬如获释后将如何站在讲台上，把在这一段痛苦折磨中学得的宝贵教训，传授给自己的学生。凭着想象与记忆，他不断锻炼自己的意志，直到心灵的自由终于超越了纳粹的禁锢。他的这种超越也感染了其他的囚犯，甚至狱卒。他协助狱友在苦难中找到意义，寻回自尊。处在最恶劣的环境中，林克运用难得的自我意识天赋，发掘了人性中最可贵一面，那就是人有“选择的自由”。这种自由来自人类特有的四种天赋：除了自我意识，我们有“良知”，能明辨是非和善恶；还有“想象力”，能超出现实之外；更有“独立意志”，能够不受外力影响，自行其是。

林克在狱中发现的人性准则，正是我们营造自治自立人生的首要准则——自由择志。自由择志的含义不仅在于采取行动，还代表人必须为自己的行为负责。个人行动取决于人本身，而不是外在环境。理智可以战胜情感，人有能力、也有责任创造有利的外部环境。

当我们对外部自由无能为力时，也不要放弃，要培养自我的心灵自由，将自我引向积极和美好的一面。生活总是这个样子，想美好的事情，你就会找到快乐，走向成功；总想失意的事情，就会走向失望的深渊。

一定要记住，你有选择的力量。选择健康、快乐和幸福，你的潜意识就会接受，并使你成为这样的人；选择做一个健康、快乐、友善的人，整个世界就会跟着反应。

感悟挫折　超越挫折

逆境中保持自由的心境，始终在内心积聚力量，等待时机，最终能为自己赢来好的外在环境。

学会在逆境中微笑

当生命像流行歌曲般地流行，

那不难使人们觉得欢欣。

但真有价值的人，

却是那能在逆境中依然微笑的人。

让我们记住这首诗吧！一个能够在一切事情十分不顺利时微笑的人，要比一个一面临艰难困苦勇气就要崩溃的人要多占许多胜利的先机。

有许多人往往在他们能力范围以内也不能实现目的、取得成功，就因为他们是那些败坏事业的感情的俘虏。

忧郁、阴沉、颓废的人，在社会上不受人重视。没有人愿意同这样的人待在一起；每个人见了他们，都只是看看，然后就很快离开。

我们不喜欢那些忧郁、阴沉的人，正像我们不喜欢不调和的图画一样。我们会本能地趋向于那些和蔼可亲、趣味盎然的人。我们要使人家喜欢我们，首先要使自己变得和蔼可亲和乐于助人。

人不应该把自己降为感情的奴隶。不应把全盘的生命计划，重要的生命问题，都去同感情商量。无论你周遭的事情如何不顺，你都应笑对逆境，努力去支配你的环境，从不幸中振作起来。你应背向黑暗，面对光明。这样阴影自会留在你的后面！

不少人都是自作孽者，因为他们时时以颓丧的心情，不好的情感来破坏、阻碍自己的生命游戏。一切事情的成功，全靠我们对自己有信心，全靠我们自己抱着乐观的态度。然而一般人却不明白这一点，当事情不顺利时，当他们遇到不幸的日子或痛苦的经历时，他们往往会听任颓废、怀疑、恐惧、失望等思想主宰自己，刹那之间破坏多年经营的事业计划！这真像向上爬的井蛙，辛辛苦苦地向上爬，但是一失足就前功尽弃了。

一切学问中的学问，就是怎样去肃清我们心中的敌人——平安、快乐和成功的敌人。时时学习着去集中我们的心志于美而不于丑，于真而不于伪，于和谐而不于混乱，于生而不于死，于健康而不于疾患——这是人生中必修的一门功课。这不是容易的一件事，但总是可能的，你只要能养成一些正确的思想方法就够了。

假如你能够绝对拒绝那些夺去你快乐的心理魔鬼；假如你能敞开自己的心扉，绝不让黑暗闯入；假如你能明白，这些心魔的存在，只是你自己为它们提供了方便，那么它们就不会再光顾你了。努力养成一种愉快的修养！假如你本来没有这种修养，只要你能努力，不久也会具有这种修养的。

感悟挫折　超越挫折

一个能够在一切事情与他相悖时微笑的人，是胜利的候选者，因为这种举动，普通人是做不到的。

笑对挫折，笑对人生

对于一位内心富足、心智成熟的人来说，他能够在任何逆境中笑看输赢得失，活出从容的人生。

如何培养富足之心，笑看输赢得失呢?

1. 赞美孤独

富足之心是宁静的。个性并不害怕孤独，反而赞美它。孤独是个性最美好的一部分，原本就不存在能不能忍受的问题。

笑看输赢的人总是能够给自己留出时间，享受独处的欢乐，整理往事、展望前程，想象出类拔萃的美好生活。内心贫乏的人，生性急躁，喜欢喧嚣和热闹，一刻也离不开从他人眼中找寻自己赖以生存的保障，独处将倍感寂寞，但自身环境却又窄得令人窒息。笑看输赢的人，独自承受个性滋润、修身养性。他享受宁静和孤寂，在反省中看见自身的不足；他把自己准备得很充分，再投入步调紧凑的生活中去。

2. 不自怨自艾

笑看输赢者对损失看得很淡，他相信对于整体而言，损失的不过是小小的局部。他不会不能释怀，不会老是对自己怨艾和指责，知道谁都有犯错的时候；他勇于承认错误，并宽恕自己和他人，只是采取行动来挽回损失，满心喜悦地做着自己能力范围内的事。

3. 放弃“多多益善”的想法

只要你拥有“多多益善”的想法，认为物质生活“越多越好”，你就永远不会满足。

每当我们得到什么，或达到了某一目标，我们大部分人就会立即再继续到下一件事。这压制了我们对生活和许多幸福的欣赏。

学会满足并不是说你不能、不会或不该想得到比你的财产更多的东西，只是说你的幸福不要依赖于它。你可通过更着眼于现在，而不是太注重你想得到的东西来学会安享现有的一切。

你可以建立一种新的欣赏你已享有的幸福的思维，以新的眼光看待你的生活，就像是第一次看到它。等你建起这一新的思维，你将会发现，当新的财产或成就进入你的生活，你的欣赏程度将被提高，而生活将会变得更加快乐。

感悟挫折　超越挫折

一个能够笑对挫折坎坷、笑看输赢得失的人，是一个内心富足的人，能够凭借自己的信念和潜能实现梦想。

从挫折中体味人生快乐

人人都想快乐，但对于有些人来说，要做到经常保持快乐并不是一件容易的事情，使人不快乐的原因常见的有以下几种：

1. 忧虑

对未来的事坏的一面考虑得过多，过于复杂，并把这些想法看成是既成的事实，产生一个错误的信念。而一个错误的信念严重时会使人在一夜之间老上20岁，这样的事例在生活中时有发生。人之所以忧虑，并不是完全由于事件本身，而是由于他们对事件未来发展产生负面后果的担心。不切实际的想法会使人陷入难以解脱的困境中，一个忧心忡忡的人当然不会快乐。

2. 自认为被伤害了自尊心

日常生活中发生的一些小事，如谈话被人任意打断，你的一个小小的要求被朋友拒绝等都被认定伤害了自尊心。对待这些事情一般人反应为愤怒或沮丧，也就是不高兴。殊不知，长期对别人或者对生活满怀怨意，可能使人驼背，就像肩膀上负着重担一样。

3. 自寻烦恼

在每个人潜意识中都埋藏着过去失败的记忆。如果不愉快的回忆不时涌上心头，甚至成为包袱，就会不断地折磨自己。

要知道，我们的错误、挫折甚至是屈辱，都是学习和工作过程中必然要经历的，挫折只是暂时的，而成功却在未来。

人生欢喜多少事，笑看天下几多愁。

看看下面童真无忌的画面，不知你想到了什么？

在一个春光明媚的日子，花红草绿的公园里，许多小孩正在快乐地游戏，其中一个小女孩不知绊到了什么东西，突然摔倒了，并开始哭泣。这时，旁边有一位小男孩立即跑过来，别人都以为这个小男孩会伸手把摔倒的小女孩拉起来或安慰鼓励她站起来。但出乎意料的是，这个小男孩竟在哭泣着的小女孩身边故意也摔了一跤，同时一边看着小女孩一边笑个不停。泪流满面的小女孩看到这个情景，也觉得十分可笑，于是破涕为笑，俩人滚在一起，非常开心。

我们从小就在做游戏，游戏的本身，就是在不断战胜挫折与失败中获取的一种刺激与欢乐，假如没有挫折与失败，再好的游戏也会索然无味，那就是一场游戏一场梦。人生如梦，就如一场游戏，但我们作为其中的玩家，真的能像在现实的游戏中那样吗？

人们玩游戏时的心态，是寻找娱乐，是带着挑战的心情，去面对游戏中的困难与挫折的，你面对强大的对手，不断地损伤受挫，但越是如此，你越发兴头十足。试想，倘若人们在生活中，也有这么一种积极向上的游戏心态，那么失败与挫折，也就不会显得那般沉重和压抑。既然如此，我们为何不能将挫折想象成一种游戏呢？这样便会让痛苦沮丧的心情超然快活起来。

二者其实并无差别，只是人们在游戏中身心放松，而在生活中过于紧张。所以，你可以体味游戏中面对和战胜挫折的欢乐。同样，只有你将生活中的挫折视为游戏，也会从中体味积极人生的快乐……

感悟挫折　超越挫折

乐观心态胜比黄金，面对任何困难和挫折付之一笑，工作的压力和学习的烦恼都能随心情舒畅而烟消云散。

改变天气，不如改变心情

本杰明·富兰克林的成功事迹激励了一代又一代美国人。富兰克林说：世界上有两种人，他们的健康、财富以及生活上的各种享受大致相同，结果，一种人是幸福的，而另一种人却得不到幸福。他们对物、对人和对事的观点不同，苦乐的分界就在于此。

一个人无论处于什么地位，遭遇总是有顺利和不顺利；无论在什么交际场合，所接触到的人物和谈吐，总有讨人喜欢的和不讨人喜欢的；无论在什么地方的餐桌上，酒肉的味道总是有可口的和不可口的，菜肴也是煮得有好有坏；无论在什么地带，天气总是有晴有雨；天才所写的诗文虽然优美，但也总可以找到若干瑕疵；差不多每一个人的脸上，总可找到优点和缺陷；差不多每一个人都有他的长处和短处。

乐观的人所注意的是顺利的际遇、谈话之中有趣的部分、精制的佳肴、美味的好酒、晴朗的天气等等，同时尽情享乐。悲观的人所想的和所谈的却只是坏的一面，因此他们永远感受不到快乐；他们的言论在社交场所大煞风景，个别的还得罪了许多人，以致他们到处和别人格格不入。

如果你召开一次业务会议，结果其中有一位主管未能及时到场，这时你心中的感受就取决于你的意焦（注意力的焦点）所在。在你心中对于他之所以不能到场持什么样的看法呢？是他根本就不在乎这场会议，还是他碰巧遇上了什么困难？这就要看你是从什么角度去看了，你用什么样的意焦，就会造成什么样的情绪。如果他不能及时到场，是因为正和别人深入地谈一笔大生意，你却因他不在场而发火，待日后知道真相时那如何是好？别忘了，我们的意志往往会决定我们的情绪，所以最好不要动不动便贸然下结论。

想让心情好起来，那也很容易，只要把思考的焦点放在曾经使你快乐的事情上，不管是跟你的家人、朋友或任何人都行。你也可以把意焦放在未来的美梦上，提早感受你将来成功时的兴奋与快乐。

感悟挫折　超越挫折

我们不能改变天气，但可以改变心情。改变我们思考的重心，试着去想美好的东西，那么不论我们身处何种困境，都可以快乐起来。

第二章

情商是抵抗挫折的铠甲

抵抗挫折的能力是一个人成功中至关重要的能力，表现为在面对失败等不如意的事情时能经得起打击和压力，并努力摆脱和排解困境的能力。能否抵抗、化解挫折，需要一个人具有较高的情商。

情商即情绪商数，是指人在情绪、意志、耐受挫折等方面的品质。情商之父丹尼尔·戈尔曼表示：“情商是决定人生成功与否的关键。”戴尔·卡耐基则说：“学会控制情绪是我们成功和快乐的要诀。”加强自己的情绪冷静指数，提升自己的情商，掌控自己的情绪，才能为事业的成功铺平道路。

情绪失控，你就输了

情绪是人对事物的一种最浅、最直观、最不用脑筋的情感反应。它往往只从维护情感主体的自尊和利益出发，不对事物做复杂、深远和智谋的考虑，这样的结果，常使自己处在很不利的位置上或为他人所利用。本来，情感离智谋就已距离很远了，情绪更是情感的最表面部分，最浮躁部分，以情绪做事，焉有理智的？不理智，能够有胜算吗？

但是我们在工作、生活、待人接物中，却常常依从情绪的摆布，头脑一发热，情绪上来了，什么蠢事都愿意做，什么蠢事都做得出来。比如，因一句无伤大雅的谈话，我们便可能与人打斗，甚至拼命（诗人莱蒙托夫、诗人普希金与人决斗死亡，便是此类情绪所为）；还可以举出很多因情绪的浮躁、简单、不理智等而犯的过错，大则失国失天下，小则误人误己误事。事后冷静下来，自己也会感到其实可以不必那样。这都是因为情绪的躁动和亢奋，蒙蔽了人的心智所致。

这些情绪实际上就是个人心智的反映，而这种心智有时将你作为完全掌控的对象。要想把握自己，你必须控制你的心智，你必须对心智中产生的各种情绪保持着警觉性，并且视其对心情的影响是好是坏而接受或拒绝。豁达会增强你的信心和弹性，而仇恨会使你失去宽容和正义感。如果你无法控制自己的情绪，你的一生将会因为不时的情绪冲动而受害。

三国时，诸葛亮和司马懿在祁山交战，诸葛亮千里劳师欲速战决雌雄。司马懿以逸待劳，坚壁不出，欲空耗诸葛亮士气，然后伺机求胜。诸葛亮面对司马懿的闭门不战，无计可施，最后想出一招，送一套女装给司马懿，羞辱他如果不战小女子是也。古人很重视男人自尊，尤其是在军旅之中。如果是常人，肯定会接受不了此种羞辱。司马懿却另当别论，他落落大方地接受了女装，情绪并无影响，而且心态甚好，还是坚壁不出。连老谋深算的诸葛亮也对他无计可施了。

这就是战胜了自己情绪的例子。生活中，更多的人成为了情绪的俘虏，为自己的情绪所害。

负面情绪误人误事，不胜枚举。一般心性敏感的人、头脑单纯、性格直率的人，易受情绪支配，头脑容易发热。问一问你自己，你爱头脑发热吗？你爱情绪冲动吗？检查一下你自己曾经因此做过哪些错事，傻事，以警示自己的未来。

情绪成就一切。如果你正在努力控制情绪的话，可准备一张图表，写下你每天体验并且控制情绪的次数，这种方法可使你了解情绪发作的频繁性和它的力量。一旦你发现刺激情绪的因素时，便可采取行动除掉这些因素，或把它们找出来充分利用。

感悟挫折　超越挫折

将你追求成功的欲望，转变成一股强烈的执着意念，并且以良好的情绪状态着手实现你的明确目标，这是你拥有情绪控制能力、迈向成功人生的两个基本要件。

战胜情绪的摇摆效应

心理学家告诉我们，每一种感情具有不同的等级，还有着与之相对立的情感状态，如爱与恨、欢乐与忧愁等。在特定背景的心理活动过程中，感情的等级越高，那么在这种情形下出现的“情绪斜坡”就越大，因此也就很容易向相反的情绪状态进行转化。有人将之称为“情绪摇摆规律”。即使此刻你感到兴奋无比，那相反的心理状态极有可能在另一时刻不可避免地出现。这一点足以解释自侍过高的人为何会走上另一个极端。

要克服这种“情绪摇摆效应”所带来的情绪上的不良反应，首先要消除一些思想上的偏差。有些人由于希望永远生活在成功、荣耀等理想的环境之中，因而对困境与苦难缺乏足够的应对准备，他们的心境自然也就会因生活场景的变化大起大落。

有这样一个耐人寻味的故事：

有一个坏脾气的男孩，他父亲给了他一袋钉子，并且告诉他，每当他发脾气的时候就钉一个钉子在后院的围栏上。第一天，这个男孩钉下了37根钉子。慢慢地，男孩每天钉的钉子减少了，他发现控制自己的脾气要比钉下那些钉子容易。于是，有一天，这个男孩觉得自己再也不会失去耐性，乱发脾气了。

他告诉父亲这件事情。父亲又说，现在开始每当他能控制自己不发脾气的时候，就拔出一根钉子。一天天过去了，最后男孩告诉他的父亲，他终于把所有钉子给拔出来了。

父亲握着他的手，来到后院说："你做得很好，我的好孩子！但是看看那些围栏上的洞，这些围栏将永远不能恢复到从前的样子。你生气的时候说的话就像这些钉子一样会留下疤痕。如果你拿刀子捅别人一刀，不管你说了多少次对不起，那个伤口将永远存在。话语的伤痛就像真实的伤痛一样令人无法承受。"

这个故事流传很广，引起了无数人的共鸣。

人们常常将理性与情绪对立起来，其实这是一个错误的认识。理性中蕴含着智慧，情绪中同样包含着智慧。情绪智慧的高低，决定了一个人对自己情绪的意识水平、管理水平的高低。情绪智慧高的人，无论是在工作还是人际中，都能够取得成功。流传百世的箴言告诉人们：不轻易发怒的人，大有聪明；性情暴躁的人，大显愚妄。

感悟挫折　超越挫折

人生有乐也有苦，有顺境也有逆境，人生不可能总是高潮，生活也不可能永远是诗。不论处在什么境地，都要将自己的情绪调控到最佳状态，这是我们该谨记并执行的。

挫折难敌心平气和

人难免会发生情绪波动，难免会急躁，如果再碰上点不顺心的事，那发点脾气在所难免。喜怒哀乐乃人之常情，无可非议，但如果不能很好地加以控制，听之任之，则会成为人生成功的一大障碍。乐极则会生悲，而盛怒之下更容易做出傻事、蠢事，事后又满世界求购后悔药。

生活之中，我们感受周围的事物，形成我们的观念，做出我们的判断，无一不是由我们的心灵来进行。然而，不好的情绪常常干扰我们的心灵，使我们出现种种偏差。愤怒时，不能控制怒火，使周围的合作者望而却步；消沉时，放纵自己的萎靡，把许多稍纵即逝的机会白白浪费。

“气大伤身”，无论什么原因产生的愤怒，都会影响人的身体健康。现代医学认为，人发怒时，可导致消化系统的生理功能发生紊乱，体内的肾上腺激素含量显著增高，会导致心跳加快、冠状动脉痉挛、心肌缺血、心绞痛、心律失常等。总之，情绪失控有百害而无一利，会造成一系列的负面结果。

发怒固然有损健康，但怒而不泄同样对健康无益。怒气如果不能及时得到排解，会对身体造成极大伤害。正确的态度是疏泄怒气，采用恰当的方法释放心中的怒气。当然，最好的方法还是制止怒气的产生。修身养性，学会宽容是制怒的最好方法。遇到不如意的事，沉着冷静，头脑清醒，保持理智，不感情用事，用平和的心态去面对突然的险境，才能使自己走出人生的低潮。

我们不由得想起一位既能制己之怒，又能激他人之怒，以怒杀敌的“情”场高手，那就是《三国演义》中的诸葛亮。在魏主曹睿封76岁的王朗为军师来战蜀兵的一段情节中，本想“只用一席话，管教诸葛亮拱手而降，蜀兵不战而退”的王朗，结果却被诸葛亮轻摇三寸之舌，给活活气死。诸葛亮三气周瑜，周瑜在恼恨暴怒之下，大呼“既生瑜，何生亮”，最后口吐鲜血而亡的故事更是人人皆知。而“空城计”一节为例，诸葛亮面对马谡失守街亭，蜀汉军连遭重挫，司马懿引十几万大军兵临城下的危急局面，竟然能够不急不躁，从容应对：仅一句“大势去矣”而已，然后引小童二人，携琴一张，于城上楼前凭栏而坐，焚香操琴，笑容可掬。虽为空城，琴声却丝毫不虚，使司马懿以为城中有伏兵，诸葛亮胜券在握，不得不引兵急速退去，实在是高。

以上事例充分说明，控制脾气，学会心平气和，虽身处挫折和险境亦能出奇制胜，化险为夷。

感悟挫折　超越挫折

心平气和的人能成功地驾驭情绪，冲动暴躁的人让情绪驾驭。

所谓好脾气，就是情商高

那么，怎样才能使自己成为一个情商高的人呢?

1. 意识到自己在做什么

当你爆发愤怒情绪时，无论什么原因，不但会使你的肾上腺素分泌急速上升，更重要的是，你根本得不到任何益处。用怒气来恐吓你的伙伴绝不是最好的交流方式。通过控制你的进攻性情绪，你不但可以赢得自爱而且可以提高说服力。这样无论你是在同事、朋友还是陌生人面前，都会知道采取平和态度而不是轻易发火。这是高情商的一个基本原则。

那些容易生气的人，其实有的时候并没有意识到他们在做什么。拿孩子举例来说：家长有的时候发威并不意味着真的发火。当然，有的时候突然提高你说话的声音是必要的。这之后，我们会感觉舒服一些，但是这不应成为生活中的习惯，除非你想看着你的朋友们都和你对立起来。

2. 提高情绪智商

想象一下你遭受到了语言攻击并且完全失去了控制的愤怒。练习对着“进攻者”把这些说出来，即使这并不是很容易。有的时候，你的对手会放弃争吵，因为这就像网球比赛：如果没有人接球，那么比赛就不存在了！开导你的情绪，如果一点小的误会就会使你轻易生气，那么如果你在一个雕刻师的位置上，可以想象你将做出什么反应。这并不是说闭上嘴就好了，而是应该试着去解决问题并思考是不是值得为此争吵。

3. 控制自己的声音

提高你的声调是你不能够很好控制自己的表现。如果大声笑，那没有什么问题，但是当你生气大叫的时候却在浪费呼吸。用这个经常被使用的小窍门：当你的对手大叫时，降低你的声音。说话越来越慢，并且声音越来越小，那么你的对手在没有意识到的情况下就会跟随你降低声音。谁会在温柔的声音下发怒呢?

4. 控制压力

现代生活充满了压力，在各种关系中人们会在没有什么实际原因的情况下就发火。放松，做自己感兴趣的事情，并且学着在和外界失去联系的情况下放松。当怒气上升时，做做深呼吸并用一点儿时间来分析考虑一下应该如何去做。

感悟挫折　超越挫折

控制情绪、掌控脾气的关键在于提高自己的情商，情商高的人是不会经常动怒发脾气的，他们能够理智平和地应对和处理生活中的不顺、事业中的挫折。

与负面情绪友好相处

西方心理学家约翰·怀海德曾说：“负面情绪可以为生命带来一份礼物。”

安泰人寿经理周丽华进入寿险业才六年，奖牌就堆积如山，每年都前往美国领取“百万圆桌会议会员”奖，这是寿险业最高荣誉，很少有人能得到。

但周丽华刚开始做保险时，却饱尝羞辱。那是1993年年底，当时台湾股票市场还未低迷，周丽华跑到富邦证券门口，发现有位穿黑大衣的中年人，状似黑社会“大哥”。她心想这大哥应该要保医疗意外险，他的家人才有保障。她决定等收盘。

等到中午，果然黑衣大哥缓步下楼，周丽华立刻趋前递名片，问他：“请问您要保险吗？”“大哥”顺手拿起名片，将嘴里的槟榔汁吐在上面，随手一撕丢在地上，顺带附上一句“三字经”。周丽华眼泪涔涔而落，默默走开了。没有争执也没有愤怒，但是她心中浮现一句话：“将来拿我名片的人会是很有福气的。”

周丽华笑称自己其实脾气不太好，之所以能承受数以万计的白眼、怒骂与轻视，是因为她认定自己在从事爱心的传递工作。她的父母晚年卧病，医疗费几乎拖垮全家，她不要别人也遭受这种痛苦。秉持工作的理念与执着，每当负面情绪涌上时，她就告诉自己：“这是一种挑战，我不能被它打败。”

如果你懂得利用这种负面情绪，作为激励自己的动力，那它真的可以称之为生命的礼物。就让负面情绪成为我们的生命礼物，为自己赢得一个精彩的人生，让世界为你喝彩——

不要学会胡思乱想，也不要学会不自信；

对自己多一份信任，给别人多一份理解；

不要总轻易发火，也不要轻易怨恨别人。

看看蓝天，想想大海。

把心胸开阔，让脸带笑。

踏出一条属于自己的路，

开拓一片属于自己的天空。

让地球为你转动，

让世界为你喝彩！

感悟挫折　超越挫折

负面情绪不可避免，如果我们能够与负面情绪坦诚相待、友好相处，那么负面情绪就会成为激励自己的动力。

管理和调控你的情绪

良好的情绪能够成为事业、学习和生活的内驱力，而不良、消极的情绪则会对身心健康、人际交往等产生破坏作用。因而，不断把自身情绪提升到有益于个人进步和社会发展的高度，是十分必要的。

人的情绪是能够主动调控的，你可以试着用理智来驾驭情绪，使自己的情绪逐渐成熟起来。

当不良、消极情绪滋生时，不妨试一试以下几种调控方法：

1. 注意转移，避免刺激

若发生悲伤、忧愁、愤怒等情绪时，人的大脑皮层常会出现一个强烈的兴奋灶，如果能有意识地调控大脑的兴奋与抑制过程，使兴奋灶转换为抑制、平和状态，则可能保持心理上的平衡，使自己从消极情绪中解脱出来。例如，当自己苦闷、烦恼时，不要再去想引起苦闷的事，尽量避免烦恼的刺激，有意识地听听音乐、看看电视、翻翻画册、读读小说等，强迫自己转移注意力。这样就可以把消极情绪转换为积极情绪，淡化乃至忘却烦闷。再如，遇到难解的事，先不要想它，可让自己的思维长上翅膀，自由畅想，到幻想世界中去遨游；也可与他人漫无边际地畅谈，免得在难解的事上钻牛角尖，给自己带来无端的烦恼。这样随着事过境迁，能心平气和地解决难题，化解矛盾，往往能收到较满意的成效。

2. 理智控制，自我降温

理智控制是指用意志和素养来控制或缓解不良情绪的爆发；自我降温是指努力使激怒的情绪降至平和的抑制状态。就是说，凡是情商高的人都能及时意识到自己情绪的变化，当怒起心头时，马上意识到不对，能迅速冷静下来，主动控制自己的情绪，用理智减轻自己的怒气，使情绪保持稳定。林则徐在自己房内挂着“制怒”的条幅，那是为了提醒自己及时控制情绪；俄国著名作家屠格涅夫劝人吵架前，先把舌尖在嘴中转十圈，就是这个道理。

3. 宽宏大度，克己让人

“心底无私天地宽”，“宰相肚里能撑船”。有气度的人，胸襟开阔，奋发进取，具有团队协作精神；气度小的人，满腹幽怨，斤斤计较，易至孤家寡人的地步。生活中，喜乐悲忧都会有，所以，人人都要注重涵养，消除抑郁寡欢的心境和私心杂念，对易激怒自己的事情，要用旷达乐观、幽默大度的态度去应付，经得起挫折。这往往可以使一种原本紧张的事情变得比较轻松，使一个窘迫的场面在幽默笑语中化解。

感悟挫折　超越挫折

“牢骚太盛防肠断，风物长宜放眼量”。心理学家鼓励人们消除消极情绪的困扰，要有正常健康的反应情绪，做到：遇到忧愁而能自解，身居逆境而能超脱，这样才能有益于你的身心健康。

恰到好处的宁静

一个要使自己的情绪保持良好的状态，就要时刻保持内心的宁静。

让自己宁静并不难。内在的身心宁静来自日常的情感控制，这既无秘诀又无捷径可言。单凭看一两本书即想身心宁静亦属妄想。获得宁静的唯一办法，是行之若素，思之以恒，同时要有信心。

最简单的基本实践先求身体上的镇定，不要用力踏地板，不要擦拳搓手，不要拍案怒吼，不要来回踱方步，不要往牛角尖里乱钻。人在激动兴奋中，动作随之趋于急切。为了避免言行急躁有一套最简便的巧妙方法——站稳、安坐、躺下，竭力设法把说话的声音压得低低的。

言行平和必先思想清朗，言行系诸心境，而心境影响言行。一个人的身心永远相互为用。有一个急性子的人，遇到不快的事情时，他就捏起拳头，想提高嗓门大喊，但他有自知之明，他控制得住自己，每处此境，他立刻把手指头伸直，绝对不容弯起来，竭力地把声音放低，低得似在耳语。他说："一个人是不可能用耳语跟别人吵架的呀！"

这是控制情感上暴躁、急促、兴奋、紧张最有效的经验之一，谋求宁静的初步当然是先从身体的动作下手，慢慢地会觉得只要压得住暴躁仓促的动作，情感的热烈自然降低；等到热烈的情感泄了气，又怎么暴躁得起来呢？这时候你会发现因为不再暴躁，节省下了无数精力，因此你不再会常常觉得疲倦。

为了宁静平和，下列六点，若得经常身体力行，对你今后的生活必有裨益。

1. 清心静坐，保持绝对的宁静，可以使你没有一点儿思虑。

2. 静坐完了之后，慢慢地想象自己的心像一面湖，先是澎湃不已，继而风息浪平，继而平静无波。

3. 宁静之后想一两分钟，想那美丽而平和的景色，远山红霞，黎明朝露……曾历其境，又临其境。

4. 缓缓默诵清平、爽朗、宁和的字眼、诗词、名句。

5. 回忆平生无愧于心的一些往事。

6. 求心的一贯宁静，复诵古今完人修身致静名句。一字一句细细咀诵，而临绝对宁静之境。

人各有其聪明、智慧、个性，为理智和感情的平衡发展，不妨恬淡冷静一点。

人总是在自省中认清自己的，你能够掌握生活的动力，并且决定自己会有什么样的结果。相信自己，你能做到。

感悟挫折　超越挫折

遇事冷静，或不感情用事，或恬淡融融。性情修养到这个地步，则对生活、对世界、对成败的态度必然尽情尽理而恰到好处。

受挫中的情绪管理

适度的挫折具有一定的积极意义，它可以帮助人们驱走惰性，促使人奋进。

首先，挫折帮助你成长。人的成长过程是适应社会要求的过程，如果适应得好，就觉得宽心和谐；如果不适应，就觉得别扭、失意。而适应就要学会调整自己的动机、追求和行为。一个人出生时，根本不知道什么是对，什么是错，正是通过鼓励、制止、允许、反对、奖励、处罚、引导、劝说，甚至身体上的体罚与限制才学得举止与行为的适应和得当，学会在不同环境、不同时间、不同对象、不同规范条件下调整行为。

其次，挫折增强你的意志力。心理学家把轻度的挫折比作“精神补品”，因为每战胜一次挫折，都强化了自身的力量，为下一次应付挫折提供了“精神力量”。

在日常生活中，每个人对于挫折的反应并不相同。一方面这决定于对挫折的感情理解。比如，一个朋友批评了你，你可能会听从，甚至非常感激他，但如果把这位朋友的批评曲解，认为有损你的尊严，那你的反应也许就会大不一样了。另一方面，人对感情上的失落比物质上的失落反应更激烈。当你追求的目标代表着爱、名誉、地位、尊严时，一旦目标丧失，就会产生不良的心理影响，这是一种负面效应。人在遭遇挫折时，往往会感到缺乏安全感，使人难以安下心来，工作和生活都会受到影响。

一般学习上的困难、工作中的不顺利、同学同事之间的一时误会和摩擦、恋爱中的波折等，常常会引起不良情绪反应。严重的挫折会造成强烈的情绪反应，或者引起紧张、消沉、焦虑、惆怅、沮丧、忧伤、悲观、绝望。长期下去，这些消极、恶劣的情绪得不到消除或缓解，就会直接损害身心健康，使人变得消沉颓废，一蹶不振；或愤愤不平，迁怒于人；或冷漠无情，玩世不恭；或导致心理疾病，精神失常；也可能导致轻生自杀。尤其是那些有远大理想、热情高但涉世浅和经验少的年轻人，很容易产生挫折感。

遇到挫折无疑是一个重大打击。在打击下不想办法去战胜困难，搬走障碍，而是成为障碍或困难的俘虏，向挫折缴械投降，这种心理对任何人来说都没有任何积极的意义，应该摒弃。

遇到挫折，要镇定、冷静分析产生挫折的原因。不怨天尤人，而是积极寻找克服困难、摆脱障碍、战胜挫折的途径。

一切挫折和失败，都为崛起提供了不可多得的思考和契机。每一个有识之士、有志之士，都不应在挫折和失败面前逃遁、沉沦，而应在挫折和失败中调控自己的情绪，以崭新的姿态从失败中崛起。

感悟挫折　超越挫折

在挫折和失败中自强不息，这是促使人的精神走向理性、走向成熟的条件之一。

驾驭自己，打败挫折

刚刚学会骑车或开车的人，通常都是很兴奋的，因为他们能够驾驭一个机械的结构体，到处游走。而事实上，学会驾驭自己——这个世界上最复杂的结构体，应该是更快乐的事。

驾驭自己，克制自己，首先得要有个平和的心态才成，对客观的东西有个实事求是的态度才成。否则，心态偏激，如何能对自己驾驭得了？

人，都是有情绪的，而情绪，总会因外界的刺激而产生相应变化。怎样才能做到平和呢？智者告诉我们：一要大度。大度能容天下难容之事。这种大度，当然不是无原则地对一切丑恶都睁只眼闭只眼，而是对于一切事物，包括丑恶事物和反常事物，都能以理性的态度，先承认它，再从容应对。二要辩证。辩证即能看到事物的正反两面，看到正反两面即能在事物猝然降临之时不慌不乱，不惊不惧。坏事来了，以其可能转化的光明面中和之，中和则趋于平衡，趋于平衡则心态平和矣。三是训练。大度和辩证，既和性格有关，又和思维方法有关，还需要假以时日，长期培养磨炼，三者缺一不可。

不放纵自己可不是一句话便可完成的，它意味着一个艰苦的过程。通常信仰宗教和修道的人，大多生活俭朴，却祥和快乐，而这一切主要是因为他们立志要修炼自己的身心，以便有绝对的把握来驾驭自己。最近有一些科学家认为，人类的身体中其实有两个人，一个是理智的左脑人，一个是创造性的右脑人。人本身的矛盾就是因为体内左脑人与右脑人的冲突；经常说错话或是做一些马上会后悔的事，是由于左脑人控制不住右脑人。

著名舞蹈家陶金的故事让我们感动。当陶金住进中日友好医院的时候，他的身体已经非常虚弱，稍动一动，汗水就会湿透衣裳。尽管如此，他还是坚持自己上厕所，不肯如别人一般在床上解决，一直到他去世的前一天，也是如此。癌症晚期病人最大的痛苦莫过于剧烈难忍的疼痛。为了不让自己的大脑思维受损，不管多疼，他都尽量不服用含有镇静剂的药物，实在疼得受不了了，他就用手指使劲掐自己，掐得身上青一块、紫一块，有时甚至掐出血来。在生命最后的半个月时间里，陶金出现了昏迷的症状，时常昏睡。有一次与他相识的一位电影导演来看他时，虚弱的他已经不能出声了，但还是要求坐到沙发上与导演交谈，这情景让导演潸然泪下：一向活蹦乱跳的小陶，怎么会只有这么轻，这么弱，却又那么自律，一点都不肯放任自己，这是多么顽强的生命力……

驾驭自己其实就是生命中一个不断学习的过程，从简单的事开始，逐步地去除任性、情绪失控的坏习惯，养成自我节制、不轻易发怒的好习惯，一步一步地学习；中途失败了也不要气馁，就像学开车一样，不断地学习。

感悟挫折　超越挫折

放任自己或许是人天性里的一部分，或者说是人性的一种倾向，然而放任与悔恨也往往是人们不快乐的主因，是导致人生悲剧的最关键因素。学会约束和驾驭自己是一生的功课。

掌控情绪，掌控挫折

天有不测风云，人有旦夕祸福。日常生活中我们难免会遇到一些挫折、困苦等不愉快的事，而一味地生气、焦虑、怨恨，不但不会使事情好转，反而会让事情变得更糟糕。

人不会永远都有好脾气，任何人遇到灾难，脾气都会受到一定影响。这时，你一定要操纵好脾气的转换器。面对无法改变的不幸或无能为力的事，就抬起头来，对天大喊："这没有什么了不起，它不可能打败我。"或者耸耸肩，默默地告诉自己："忘掉它吧，这一切都会过去！

被称为世界剧坛女王的拉莎·贝纳尔，突遇风暴，不幸在甲板上滚落，足部受了重伤。当她被推进手术室，面临锯腿的厄运时，突然念起自己所演过的一段台词。记者们以为她是为了缓和一下自己的紧张情绪，可她说："不是的，是为了给医生和护士们打气。你瞧，他们不是太正儿八经了吗？"

拉莎·贝纳尔在面对无法抗拒的灾难时，没有恨天怨地，没有抱怨命运不公，相反，她勇敢地跳出悲伤、焦虑的圈子，重新燃起生活的激情。"他们不是太正儿八经了吗？"说这话时，她心中的脾气转换器一定调整到了最佳状态！原来，拉莎手术圆满成功后，她虽然不能再演戏了，但她还能讲演，她充满生命热情的讲演，使她的戏迷再次为她鼓掌。

脾气是可以调适的，只要你操纵好脾气的转换器，随时提醒自己，鼓励自己，就能让自己常常有好脾气。那么，当坏脾气突然来临时，如何调适，操纵好脾气的转换器呢？下面的方法可供你参考：

散散步，把不满的脾气发泄在散步上，尽量使心境平和，在平和的心境下，脾气就会慢慢缓和而化解。

最好的办法是用繁忙的工作去补充，去转换，也可以通过参加有兴趣的活动去补充，去转换。如果这时有新的思想、新的意识突发出来，那就是最佳的补充和最佳的转换。

感悟挫折　超越挫折

坏脾气会来，也会去，没什么了不得，没什么好恐慌。轻松地面对它，接纳它。它会感谢你的盛情，不再打扰你。

做情绪的骑师，让挫折臣服你

约翰尼·卡特很早就有一个梦想——当一名歌手。参军后，他买了自己有生以来的第一把吉他。他开始自学弹吉他，并练习唱歌，还自己创作了一些歌曲。服役期满后，他开始努力工作以实现当一名歌手的愿望，可他没能马上成功；没人喜欢听他唱歌，他连电台唱片音乐节目广播员的职位也没能得到。他只得靠挨家挨户推销各种生活用品维持生计，不过他还是坚持练唱。他组织了一个小型的歌唱小组在各个教堂、小镇上巡回演出，为歌迷们演唱。不久，他制作的一张唱片吸引了两万名以上的歌迷，金钱、荣誉、在全国电视屏幕上露面——所有这一切他都赶上了。他对自己坚信不疑，这使他获得了成功。

然而，卡特又接着经受了第二次考验。经过几年的巡回演出，他被那些狂热的歌迷拖垮了，晚上必须服安眠药才能入睡，而且还要吃些"兴奋剂"来维持第二天的精神状态。他开始染上一些恶习——酗酒、服用催眠镇静药和刺激兴奋性药物。他的恶习日渐严重，以致对自己失去了控制能力：他更多地不是出现在舞台上而是在监狱里。到了 1967 年，他每天必须吃一百多片药。

一天早晨，当他从佐治亚州的一所监狱刑满出狱时，一位行政司法长官对他说："约翰尼·卡特，我今天要把你的钱和麻醉药都还给你，因为你比别人更明白，你能充分自由地选择自己想干的事。这就是你的钱和药片，你现在就把这些药片扔掉吧，否则，你就去麻醉自己、毁灭自己。你自己选择吧！"

卡特选择了生活。他又一次对自己的能力有了肯定，深信自己能再次成功。他回到纳什维利，并找到他的私人医生，开始戒毒瘾。尽管这在别人看来几乎不可能，因为戒毒瘾比找上帝还难。但他把自己锁在卧室闭门不出，一心一意就是要根绝毒瘾，为此他忍受了巨大的痛苦，经常做噩梦。后来，在回忆这段往事时，他说，那段时间总是感觉昏昏沉沉的，好像身体里有许多玻璃球在膨胀，突然一声爆响，只觉得全身布满了玻璃碎片。当九个星期以后，他又恢复到原来的样子了，睡觉不再做噩梦。他努力实现自己的计划，几个月后，重新登上了舞台。经过不停息的奋斗，他终于又一次成为了超级歌星。

一个人要想征服世界，首先要战胜自己。天底下最难的事莫过于驾驭自己，征服自己，这正如一位作家所说："自己把自己说服了，是一种理智的胜利；自己被自己感动了，是一种心灵的升华；自己把自己征服了，是一种人生的成熟。大凡说服了、感动了、征服了自己的人，就有力量征服一切挫折、痛苦和不幸。"

感悟挫折　超越挫折

一个人应该有战胜自己的情绪，控制自己的脾气，控制自己命运的能力。如果任凭感情支配自己的行动，就会使自己成为脾气的奴隶。要想成为世界的主人，先要成为情绪的主人。

第三章

打败内心的“胆小鬼”

恐惧是一种畏惧和企图摆脱、逃避挫折失败等情境的情绪体验，是人在外界未知无限而自己认知有限的无奈处境之下产生的不安全感。恐惧，它远比害怕深刻。

恐惧是失败的人的共性，恐惧让我们错失很多将带来成功的机会。如何脱离恐惧？如何克服、战胜恐惧？尼采说：“从失败的恐惧中解脱出来——现在我终于输得起了。”这种输得起是指一开始就把失败考虑进去，并准备好承受一切挫折，它是人性成熟的标志。

直面内心的恐惧

恐惧是正常的，没有恐惧是不正常的，不合逻辑的恐惧则是病。亚历山大·波列耶夫认为恐惧是人的一种很正常感觉，是一种警告危险和提早防备的信号。比如说，我们往悬崖下瞅时总是心惊胆战。要是没有这些恐惧症，人类早就灭绝了。人类大脑底部有一个杏仁体的脑结构，这是个专管恐惧感和不信任感的区域，人称为大脑中的恐惧中枢。每一次只要感到危险逼近，这个区域便活跃起来，而且想制止也制止不住。

如果这种感觉不再受到约束，那一般的害怕就被赋予一种非理性的、不合逻辑的东西。比如说，害怕游行队伍中带有敌意的人群，这合乎逻辑。

正常的恐惧心理可以训练我们应对真正的威胁。这点从野生动物的例子也可看出。马里兰州贝色斯达国立卫生研究所的研究员史渥米说："不知天高地厚的小猴子看到蛇，目不转睛地跟它相互瞪眼，通常都活不长命；如果母猴教得好，凡事小心谨慎的小猴子，反而不容易早死。"

哈佛大学心理系主任卡林说："养成凡事稍微害怕的心理，有个重要的作用：教我们明白四周环境里，有些东西必须十分注意、十分小心，这本领是可以训练的。"

密歇根大学的中古史专家米勒出了一本书——《神秘的勇气》，书中从历史观点阐述了畏惧心理，指出，勇气其实是害怕的幻影，只不过被荣耀化了。

米勒研究了许多英勇武士的背景，结论是：刚猛不是正面的特性，而是负面的特性，缺乏自省能力的人才具备这种特性。他认为，大部分人都不是刚猛之士，也就是不勇敢、心存畏惧的普通人，只愿面对少许的可怕状况，而不愿不顾一切地豁出去。

如果面对的可怕状况不致造成生命危险的话，我们反而认为具有娱乐效果呢！大多数我们喜欢的娱乐，不就是有一点点危险吗？

感悟挫折　超越挫折

谁的内心没点恐惧感？直面恐惧是战胜恐惧的第一步。正视隐藏于我们内心深处的恐惧，有助于消除恐惧的影响，重获内心的平静与和谐的人生。

不要自己吓唬自己

那是在地势险恶的峡谷，涧底奔腾着湍急的水流，几根光秃秃的铁索横亘在悬崖峭壁之间——铁索桥。山势的巍峨，涧水的轰鸣，越发烘托出桥的危险与简陋，经常有行者失手葬身涧底。

一行四人来到桥头，一个盲人，一个聋人，两个耳聪目明的健全人。铁索桥，必须攀附；路至此，绝无退路。四个人一个接一个地抓住铁索，凌空行进。结果呢？盲人过桥了，聋人过桥了，一个耳聪目明的人过桥了，另外一个则跌下铁索桥，丧了命。

难道耳聪目明的人还不如盲人、聋人？

他的弱点恰恰缘于耳聪目明。

盲人说，我眼睛看不见，不知山高桥险，心平气和地攀索。聋人说，我的耳朵听不见，不闻脚下咆哮怒吼，恐惧相对减少很多。那么过桥的健全人呢？他的理论是，我过我的桥，险峰与我何干？急流与我何干？只管注意落脚稳固就够。

其实，人生又何尝不是如此呢？在面对各种挑战时，也许失败的原因不是势单力薄，不是智能低下，也不是没有把整个局势分析透彻，反而是把困难看得太清楚、分析得太透彻、考虑得太详尽，才会被困难吓倒，举步维艰；倒是那些没把困难完全看清楚的人，更能够勇往直前。

因此，要想真正地战胜挫折，战胜失败，战胜困境，就必须对自己说："我知道我不是境遇的牺牲者，而是它们的主人。我能跨过面前的险阻，我能打败任何挫折。"

感悟挫折　超越挫折

我们所感觉的恐惧，有时不过是自己吓唬自己。人生最大的挑战就是自己，征服自己就可以征服恐惧、征服挫折。

大着胆子去做就是了

恐惧能影响人的胃、伤害人的修养、减少人的生理与精神的活力，进而破坏人的身体健康。它能打破人的希望、消退人的志气，而使人的心力“衰弱”以至不能创造或从事任何事业。一个人如果任由内心的恐惧蔓延，最终就会摧残自己的意志和生命。

有位年轻的姑娘，10年前被车撞倒，江湖医生说她瘫痪了。她相信了江湖医生的话，于是感到头脑呆滞，双腿麻木，觉得自己再也站不起来了。她整日坐在轮椅上，肌肉渐渐萎缩，变成了瘫痪人。

转机发生在第二次车祸。5年后的某一天，当她连人带车被一辆三轮车撞出人行道时，她突然觉得疼痛难忍。家里人不相信她会疼痛，送她到一家大医院，医院外科专家确诊她根本没有瘫痪。经过一段时间的物理治疗，她很快就能站立起来行走了。当她站起来时，除了深感幸运外，还深感遗憾：别人说自己瘫痪了，自己就信以为真，当初自己为什么不去试试呢？

是的，她如果试一试，就不会被他人的话所控制。可见，心理上的无形障碍会使人情绪萎靡，自信心丧失，肌体功能失调。久而久之，人会变得胆怯，这也不敢干，那也不敢做，无形中就把自己归类到那些“注定”不会成功的人里边去了。

怕了一辈子鬼的人，一辈子也没见过鬼，恐惧的原因是自己吓唬自己。世上没有多少事能真正让人恐惧，恐惧有时只不过是内心中的一种无形障碍罢了。不少人碰到棘手的问题时，习惯设想出许多莫须有的困难，这自然就产生了恐惧感。

其实，遇事你只要大着胆子去干，就会发现事情并没有自己想象的那么困难。

感悟挫折　超越挫折

在我们的一生中，当遇到挫折或不幸时，不应以怯懦示人，而应勇敢面对，挑战自己。

赶跑心中的“胆小鬼”

恐惧是一种普遍存在的消极心理，它到处压迫着人们，只要是凡人，谁能无惧？最伟大、最勇敢的英雄也会诚实地告诉你，当他们在做那些英勇事迹时，他们的心里其实和你我一样害怕，区别只在他们能克服恐惧，拒绝投降的召唤。

恐惧能摧残人的创造精神，足以杀灭个性而使人的精神机能趋于衰弱。大事业不是在恐惧的心情下可做成的，一旦心怀恐惧的心理、不祥的预感，做什么事都不可能有效率。恐惧代表着、指示着人的自卑与胆怯，这个恶魔，从古至今都是人类最可怕的敌人，是人类文明事业的破坏者。

对于恐惧，爱默生说得好：“他们征服那些认为他们有足够力量征服的人。”

如果你以积极心态发挥你的思想，并且相信成功是你的权利的话，你的信心就会使你成就所有你所制定的明确目标。但是如果你接受了消极心态，并且满脑子想的都是恐惧和挫折的话，那么你所得到的也只能是恐惧和失败而已。

恐惧多半是心理作用，但是它确实存在，并且是发挥潜能的头号敌人。行动可以治愈恐惧、犹豫，拖延则只会助长恐惧。

当你感到恐惧的时候，朋友们常会善意地对你说：“不要担心，那只是你的幻想，没有什么可怕的。”这种安慰可能会暂时解除你的恐惧，但并不能真正地帮你建立信心，消除恐惧。

恐惧是信心的敌人。恐惧会阻止人利用机会；恐惧会耗损精力、破坏身体器官的功能，抑制潜能；恐惧使人游移不定、缺乏信心。恐惧确实是一股强大的力量，它会用各种方式阻止人们从生命中获得他们想要的事物。

生命犹如无限丰富而又深不可测的大海，你生活在这大海之中，你的潜意识对你的想法极为敏感。如果你能够运用你心智的定律，以平和代替痛苦，以信心代替畏惧，以成功代替失败，当然就再没有比这更美好的结果了。

千万不要让恐惧占据心灵！绝不能没事找事。人的心态非常微妙，要是时常保持乐观，就会时刻觉得无论做什么事都很顺当；反之，要是总以悲观的心境看待所有的事，任你怎么做总有碍手碍脚的感觉。心境果真有催人老的作用。

感悟挫折　超越挫折

当你面对恐惧，挺身面对，害怕自然缩小不见，但是你逃避的话，它会不断增长，直到完全控制你的生活。

摆脱对失败的恐惧

人人都想成功，但有一些人却认为自己无法成功，不仅如此，他们还会投入宝贵的时间积极寻找过去失败的例子。他们会收集自己或别人过去失败的前例，并且热心地从过去失败的经验中找出不积极去做的理由：我的父亲曾经有过这样的失败，某个很成功的人也曾在同样的事情上失败，因此我不会去冒险做这种事，但我并不是一个怯懦、消极的人。

我们中的许多人都是这样，梦想成功，却又过分畏惧失败，过去的一次失败会成为终生的障碍。在他们那里“失败是成功之母”是不成立的，因为过去的失败已经深植在他们心中，这是一种思维定式。

你知道马戏团是如何训练跳蚤的吗?

他们把跳蚤放进一个广口瓶中，用透明的盖子盖上，这时跳蚤会跳起来，撞到盖子，而且是一次又一次地跳起并撞到盖子上。经过多次碰壁后，跳蚤会继续跳，但不再跳到足以撞到盖子的高度。而后你拿掉盖子，虽然跳蚤仍然在跳，但绝不会跳出广口瓶外。

为什么呢？理由很简单，跳蚤已经确信如果它跳过了这个高度必然会碰壁，于是它调整了自己跳跃的高度并且适应了这种情况。

人类也是如此，由于过去遭到过失败，或看到别人失败就假想自己会再次失败，而不考虑以前的失败或别人的失败是因为缺少智慧、缺少协助或时机不当所致。

有一位85岁的老人曾在报纸上发表过一篇“自白”，他说：“假如给我第二次生命，我要努力犯更多的错误，而不会处处追求完美……我要变得更傻，不会再一本正经地对待那么多事情……我还要更加疯狂一些，给自己找更多的麻烦……”

这位老人大概是一生都过得谨小慎微，少有出格的行为，因而到了人生暮年发出这种“荒唐的”感叹。然而，如果他真的获得了第二次生命，他会“更傻”“更狂”“犯更多的错”吗？恐怕不可能。正如我们看到别人退缩时会说“假如是我就不会放弃”，如果真的换成了你，恐怕也是一样的结果。

失败对人的影响有两种：一是激起人们做出更大的努力；二是让人丧失再试一次的勇气。大多数人都是在失败的信号来临时便放弃希望，止步不前，甚至一点失败的征兆都没有就灰心丧气；而且，很多人在受到一次失败的打击后便丢盔卸甲了。杰出的人物就不是这样，他们不怕失败，他们相信，失败是通向成功的铺路石。而且，在行为前和行动中，杰出人物不会假想出种种失败的可能，即使失败了他们也会鼓起更大的热情和干劲。

感悟挫折　超越挫折

摆脱对失败的恐惧不是一朝一夕的事情，而且常常要伴随着巨大的痛苦。我们担心失败后的“自我低估”和别人的轻视，但是想起蜕变之后的自由，这种痛苦值得承受。

克服怯懦这一性格缺陷

怯懦者总是不敢大胆地去做一些事情，逐渐形成了低估自己的能力、夸大自己的弱点的习惯，再没有信心去处理本来能够处理好的事情。那么如何克服怯懦这一性格缺陷呢?

1. 要学会自我暗示

性格怯懦者的最大弱点是过于畏惧和害怕，要克服这一弱点，就要借助气势的激励。对性格怯懦的人来说，要学会用自我打气、自我鼓励、自我暗示等方法来培养自己无所畏惧的气势，要善于发现和肯定自己的长处与成绩，提高对自我的评价和信心。

2. 要有意识地锻炼意志品质

在生活中有许多事情可以锻炼我们的意志品质。比如说，制订了终身学习计划，就一定要坚持进行，每天晚睡 10 分钟读一读书，长久下来也会有不小的收获。

克服恐惧看起来非常困难，但改变却在一念之间。其实，生活中有很多恐惧和担心完全是由我们内心想象出来的，想要驱除它必须在潜意识里彻底根除。

即使刚开始时很困难，只要咬紧牙关，慢慢深入下去以后，你会发现，其实事情并不像你想象的那样艰难。只要成功了几次，你一定会增强勇气和自信心的。

3. 行动是消除怯懦的好办法

怯懦是弱者的劲敌，少一分怯懦，就会多一分前程。而消除怯懦的唯一办法就是行动、行动、再行动。如果你想成为一个成功的人，在困难面前，怯懦是没有用的。只有不畏挫折和失败，不怕别人讥笑，坚持不懈，你才可以不断体验到成功的快乐和奋斗的乐趣。

4. 敢于尝试会赢得成功机会

莎士比亚说：“本来无望的事，大胆尝试，往往能成功。”大胆尝试常常会带给你更多的机会。许多人之所以怯懦，无非就是怕失败。但越怕就越不敢行动，越不敢行动就又越怕，一旦陷入这种恶性循环之中，怯懦不免就加深了。应该懂得：越是感到怯懦的事越要大胆去做，只有大胆去做，你才能战胜自己的怯懦。

感悟挫折　超越挫折

才智与勇气是成功的两个要件，缺一不可，想要取得成功，必须两者兼备；有了智谋还要加上冒险的胆魄，彻底实践才可能使美梦成真。

训练自己不再恐惧

恐惧多半是心理作用。烦恼、紧张、困窘、恐慌都是起因于消极的想象。但是仅知恐惧的病因并不能根除恐惧。正如医生发现你身体的某部位受感染，不会就此了之，而是要进一步去治疗。有效的治疗必须对症下药。

首先，你要有一个这样的认识：信心完全是训练出来的，不是天生就有的。你所认识的那些能克服忧虑、无论何时何地都泰然自若、充满信心的人，全都是磨炼出来的。

有这样一个人，天生就十分胆小。他的生活沉浸在对疾病的恐惧中。他时常由于预期到某种在实际上绝不会发生的疾病而烦恼痛苦：假使受了些凉，他准以为是要犯伤寒重症了；假使他喉头有些痛，他一定以为那是要犯扁桃腺炎；假使他心头有些悸动，他就要惶惶然以为患了严重的心脏病了。

世界上有很多的人，都是过着像这个人一样恐惧不断地生活，由此无可避免地陷入了自卑中。当不祥的预感、忧虑的思想在你的心中发作时，你不应当纵容它们发展。你应当转换你的思想，想到种种与它们相反的方面上去。假使你担心现在的事业会失败，则你不应当想到你自己是怎样软弱无能、怎样不堪重任、怎样准会失败，你应当尽量想着你自己怎样强、怎样有本领、怎样在过去也曾遇见过与此相似的事，怎样利用过去的经验应付现在的问题，怎样预期得到成功的胜利！

伟大的歌剧男高音卡罗素，有一次感染上对舞台的恐惧症。由于强烈的恐惧，他的喉咙的肌肉紧缩，因而发不出声音来。

由于只有几分钟的时间就要登台了，他汗流满面，极为羞愧，甚至还因为恐惧和惊惶，而全身颤抖。

他说：“我不能唱了，他们会讥笑我。”于是他不断地对自己说：“我要唱歌了！我要唱歌了！”

他的潜意识开始产生反应，发挥出他内在的巨大能力。到该他登台的时候，他走上了舞台，唱出悦耳而和谐的歌声，迷住了所有的听众。

很多事情，你现在觉得害怕，但是一旦你面对它，并驾驭它以后，它很可能变成你所喜欢的。在开始学溜冰的时候，你可能一看到冰鞋就全身发软。可是一旦你克服恐惧，学会溜冰以后，你会后悔为什么不早点学会溜冰。

在规律的生活中，心情的起起落落也有一定的规则可循，请你稍稍留意心情低落时的点，找出最低潮的那一点，好好地自怜一番。不过，要记住一个规则：一个星期只能有一次，而且，一次只能有 15 分钟。只要能把握住这个原则，那么，当你碰到让你很紧张的事情，潜意识里就会提醒自己：“这时千万不能害怕，过些时候就会好了。”如此一来，你就再也不会为恐惧的心理而烦恼了。

感悟挫折　超越挫折

通过有意识地锻炼意志品质，可以有效地遏制和战胜恐惧。

从恐惧中彻底解脱

轻度的恐惧是人的一种自我保护机制，由于恐惧，人在做事时自然会小心谨慎，也就在客观上给人带来了一定的安全，从这个意义上说恐惧也是一种保护。轻度的恐惧不仅是正常的，而且也并没有什么坏处，而且由于恐惧的存在，人的焦虑情绪也能得到适度的缓解，所以轻度的恐惧不必刻意掩饰和强行战胜，不妨就带着这种恐惧前行。

但是，如果你对什么事情都心存恐惧，做事畏首畏尾，那就要努力克服了。因为恐惧会使你停滞不前，你的目标永远无法实现；恐惧会使你囿于现状，不敢冒险，安于平庸的生活。也许很多次只是由于恐惧，你与机会擦肩而过，但是那样你会永远也无法实现自己的梦想。

美国亨利·克劳得博士作为一个作家和顾问，在一篇《克服恐惧感》的文章中提到可以采取一些积极的行动来缓解和束缚恐惧感。

1. 多交流

不论你多么恐惧，你都不要一个人扛着，你应该找好朋友、亲人，告诉他们你的恐惧。他们会从旁观者的角度来帮你分析为什么会产生这种恐惧，他们会支持你，鼓励你，帮助你，配合你采取一些有效的行动，从而克服恐惧。

2. 多放松

生活中放松的方法很多，如打太极拳、练瑜伽、散步、郊游等等。你也可以试着做做下面这个训练，这种方法叫“渐进放松训练”，是心理治疗中常用的放松方法。首先全身放松，然后把注意力集中在脚趾上，先绷紧该部位的肌肉，坚持一会儿，再放松，体验该部位放松的感觉。接着是小腿、大腿、腹部、臀部、背部、胸部、肩部、上臂、前臂、双手、颈部、面部、头部，循序进行放松。这样把全身各部位都体验一遍，一般这个过程持续15 ~ 30分钟，整个身体就会进入一种平时不能达到的放松状态。

3. 多充实

充实你的精神生活，因为在紧急情况下，精神层面上的东西可以给你带来无比的安慰。如果你还没有一种信仰或者精神寄托，你可以找有经验的长者谈一谈，或者自己买一本书来阅读。

4. 去面对

无论哪种方法，都需要你面对自己的恐惧。其实恐惧不是来自外界，而是来自自己内心，那么你就要有意识地去面对和解决自身这些问题。记住要从第一步起逐渐开始。例如，你对当众讲话很恐惧，就试着循序渐进地克服：你可以先在几个人面前讲话，再主持小规模会议，慢慢地主持一次股东会议等，就这样把整体的事情分成数个小部分，按轻重缓急一步一步去实行，慢慢就会减少恐惧。一般而言，恐惧心理本身也存在着一个衰减的过程，强烈的恐惧在 4 ~ 6 周后会随着人的心理承受能力的提高而得到逐步缓解。

感悟挫折　超越挫折

一般来说，你如果能坚持进行自我训练，慢慢就会摒弃恐惧心理，最后从恐惧中彻底解脱。重塑自己的勇敢和无畏，让恐惧永远止息。

征服生命中所有的恐惧

麦克·英泰尔是一个平凡的上班族，37 岁那年他做了一个大胆的决定：放弃薪水优厚的记者工作，只带了干净的衣服，由阳光明媚的加州靠搭便车横越美国。

他的目的地是美国东海岸北卡罗莱纳州的恐怖角——这只是他精神快崩溃时做的一个仓促决定。某个午后他忽然哭了，因为他问了自己一个问题：如果有人通知我今天死期到了，我会后悔吗？答案竟是那么的肯定。虽然他有好工作，有漂亮的女友，但他发现自己这辈子从来没有下过什么赌注，平顺的人生从没有高峰或谷底。

他为自己懦弱的上半生而痛哭。一念之间，他选择了北卡罗莱纳州的恐怖角作为最终目的，借以象征他征服生命中所有恐惧的决心。

最后，麦克·英泰尔成为美国媒体中传颂的知名人物。

克服恐惧看起来非常困难，但改变却在一念之间。其实，生活中有很多恐惧和担心完全是我们想象出来的，想要驱除它必须在潜意识里彻底根除。

比如，对于多数人尤其是心理有恐惧症者而言，与陌生人见面往往会产生一些不自在的烦恼。其实胆怯无关乎个性，而往往是由于接触的经验不够，进而排斥他人的情形居多。但若能进行自我训练，积累与他人相处的经验，即使无法改变自己的个性，也不至于以与他人接触为苦。为加强自我的信心，不妨先做心理建设，常常提醒自己多接触不寻常的人物，借以改变自己的人生观，以及增加人生乐趣。

当然，没有人能够完全摆脱怯懦和畏惧，最幸运的人有时也不免有懦弱胆小、畏缩不前的心理状态。但如果使它成为一种习惯，它就会成为情绪上的一种疾弊；它使人过于谨慎、小心翼翼、多虑、犹豫不决，在心中还没有确定目标之时已含有恐惧的意味，在稍有挫折时便退缩不前，进而影响自我设计目标的完成。

恐惧者害怕面对冲突，害怕别人不高兴，害怕伤害别人，害怕丢面子，所以在择业时，他们因怯懦常常退避三舍，缩手缩脚，不敢自荐。在用人单位代表面前，他们唯唯诺诺，不是语无伦次，就是面红耳赤、张口结舌；他们谨小慎微，生怕说错话，害怕回答问题不好而影响自己在用人单位代表心目中的形象。在公平的竞争机遇面前，由于怯懦，他们常常不能充分发挥自己的才能，以至于败下阵来，错失良机，于是产生悲观失望的情绪，导致自我评价和自信心的下降。

感悟挫折　超越挫折

生活在现代社会，我们必须摒弃害怕、畏惧的心理，端正心态，以一颗健康有力的心尝试生活，如此明天才会有更好的开始。

第四章

你若一勇敢，挫折就软弱

人生旅途，难免会有坎坷抑或是沉重的打击。面对挫折，你可以伤心，你可以悔恨，但重要的是不能丧失面对它的勇气，要有勇气战胜自己，战胜挫折。

人的生命似洪水在奔流，不遇着岛屿、暗礁，难以激起美丽的浪花。而当与挫折不期而遇时，只有敢于直面挫折、战胜挫折的人才能到达成功的彼岸。勇气是成功的前提，也是斩断挫折的利剑。挫折面前，何不鼓足勇气，打倒挫折呢？

勇气，通往成功的桥梁

美国最伟大的推销员弗兰克说：“如果你是懦夫，那你就是自己最大的敌人；如果你是勇士，那你就是自己最好的朋友。”对于胆怯而又犹豫不决的人来说，一切都是不可能的，他总是会被各种各样的恐惧、忧虑包围着，看不到前面的路，更看不到前方的风景。正如法国著名的文学家蒙田所说：“谁害怕受苦，谁就已经因为害怕而在受苦了。”

美国的克里蒙·斯通在童年时代是个穷人的孩子，他与母亲两人相依为命。小斯通十多岁时，为保险公司推销保险是母子俩的职业。斯通始终清醒地记得他第一次推销保险时的情形——他的母亲指导他去一栋大楼，从头到尾向他交代了个遍，但是他犯怵了。

他站在那栋大楼外的人行道上，一面发抖，一面默默念着自己信奉的座右铭：“如果你做了，没有损失，还可能有大收获，那就下手去做。”“马上就做！”

于是他做了。他走进大楼，他很害怕会被踢出来。但他没有被踢出来，每一间办公室，他都去了。他脑海里一直想着那句话：“马上就做！”走出一间办公室，更担心到下一间会碰到钉子。不过，他还是毫不犹豫地强迫自己走进下一间办公室。

这次推销成功，他找到了一个秘诀，那就是：立刻冲进下一间办公室，这样才没有时间感到害怕而犹豫。

那天，只有两个人向他买了保险。以推销数量来说，他是失败的，但在了解自己和推销术方面，他的收获是不小的。第二天，他卖出了4份保险。第三天，6份。他的事业开始了。

世上没有任何绝对的事情，懦夫并不注定永远懦弱。只要能鼓起勇气，大胆向困难和逆境宣战并付诸行动，便开始成为勇士。

勇敢地面对挑战，像战士一样勇敢地面对工作中的一切艰难险阻，才是每一个年轻人应该具有的本色。

感悟挫折　超越挫折

勇气，是劈开逆境的巨斧。勇气，是通往成功的第一座桥梁。

不畏挫折，勇敢前行

对我们的大脑来说，一般存有两股力量，一股力量使我们觉得自己天生是做伟人的；另一股力量却时时提醒我们：“你办不到！”这样一对矛盾的内部力量的斗争，在我们遇到困境与失败时，会变得更加激烈。

我们每个人最大的敌人是自疑和害怕失败。它们经常扯我们的后腿，不让我们去尝试，或在失败后给我们以打击；它们吸取我们的能量，使我们只能使用真正能力的一小部分。

在许多时候，在我们的征途中，我们会觉得一切都完了，像生活走到了尽头，像人生的音乐从自己的生活中消失了，但是音乐依然在我们心中。不论在什么时候，不论在哪里，也不论我们的环境如何，我们的遭遇有多么的不幸，生活的音乐始终不会不见。它在我们的内心里面，只要我们注意听，我们就会发现它的美妙。

华盛顿·欧文说："消极思考的人会因为生活的不幸而变得胆小和畏怯，而积极思考的人则只会因此而振作起来。"人，一旦降临这个世界，便陷入动荡不安的境遇之中，悲哀、愤怒、忧虑、愧疚和烦恼可能会不间断地困扰着每个人，给人们的精神套上沉重的枷锁。面对现实的挑战，你能抵御消极情绪的袭击吗？你能征服烦恼吗？你能够主宰自己吗？

回答是肯定的。只要你相信：问题的症结就在于你的认知评价系统。

农产品推销员辛巴克以不同品种的玉米做实验，设法制造出了一种松脆的爆玉米花。他终于培育出了理想的品种，可是没有人肯买，因为成本较高。

"我知道只要人们一尝到这种爆米花，就一定会买。"他对合伙人说。

"如果你有这么大的把握，为什么不自己去销售？"合伙人回答道。

万一辛巴克失败了，他可能会损失很多钱。在他这个年龄，他真敢冒这个险吗？他雇用了一家营销公司，为他的爆米花设计名字和形象。不久，辛巴克就在全美国各地销售他的“美食爆玉米花”。今天，它已成为世界最畅销的爆米花，这完全是他甘愿冒险的成果。他拿了自己所有的一切去做赌注，换取他想要的东西。

“我想，我之所以干劲十足，主要是因为有人说我注定会失败，”辛巴克平静地说，“那反而使我决心要证明他们错了。因为，我相信我会成功。”

辛巴克正是抱着不屈不挠的精神，终于从困境中挣扎着奋斗过来了。

我们生活在竞争如此激烈的社会中，每个人都想要功成名就、出人头地。但是，多少成功和失败的经验教训证明，在通向人生巅峰的道路上，始终要战胜的不是别人，而是自己。那个经常使我们受伤的强大的敌人，深深地隐藏在我们自己的心中！

所以，在不断的奋斗与拼搏中，只有首先培养第一流的心理素质，才能战胜灵魂深处所有的弱点，始终立于不败之地。

感悟挫折　超越挫折

最大的失败莫过于害怕失败。如果我们能战胜这一担忧，那么必将为我们带来梦寐以求的幸福。

置之死地而后生的勇气

美国第一大汽车制造商亨利·福特在取得成功之后，便成了众人羡慕的人物。有的人觉得他是由于运气，或者是得益于有权势的朋友的帮助，或者说他本身就是一个管理天才，或者他具有常人所认为的形形色色的“秘诀”——所以福特成功了。

事实上只要了解一下福特的行事风格，就可完全知悉他成功的“秘诀”。

多年前，亨利·福特决定改进著名的T型车的发动机的汽缸。他要制造一个具有铸成一体的八个汽缸的引擎，便指示工程人员去设计。可是，当时所有工程技术人员无不认为，要制造这样的引擎是不可能的。虽然面对老板，他们还是一口回绝了这样的“无理要求”。

听完技术人员的介绍后，福特没有气馁，他用无可反驳的语气说：“无论如何要生产这种引擎。”

“但是，”他们回答道，“这是不可能的。”

“我是绝不相信任何不可能的。去工作吧！”福特命令道，“坚持做这件工作，无论要用多少时间，直到你们完成了这件工作为止。”

被他的气势感染，负责技术的员工只好去工作了。如果他们要继续做福特汽车公司的职员，他们就不能去做别的什么事。六个月过去了，工作没有任何进展；又过了六个月，他们仍然没有成功。这些工程人员愈是努力，这件工作就似乎愈是“不可能”。

在这一年的年底，福特咨询这些工程人员时，他们再一次向他报告他们无法实现他的命令。“继续工作，”福特义无反顾地说，“我需要它，我决心得到它。哪怕它是一只老虎，我也有勇气擒住它！”

最后的情形是怎样的呢？

在这种勇气面前，任何挫折都成了它的手下败将。

当然，制造这种发动机不是完全不可能。后来这种发动机装到最好的汽车上了，使福特和他的公司把他们最有力的竞争者，远远地抛到了后面。

福特的勇气给了技术人员必然成功的心态，他的勇气也让参与研制开发的人员没有任何退路可走。“置之死地而后生”，他们只能孤注一掷，只能成功。

敢于应对挑战的人就是在这样的情形下，把一个个奇迹变成了现实，把一个个不可能变为了可能。一个人做事就是要具有福特那样的气概，怀有非凡的勇气、决不罢休的气势，在人生战场上劈波斩浪。

没有勇气的人如一只“惊弓之鸟”，事业上、生活中的任何一点点风吹草动和坎坷磨难，对他来说都是一场浩劫，一场无可避免的灾难，都是足以令他们惶惶不可终日的巨大恐惧。而成功者都知道，在他们奋斗的过程中，绝对不可能是一帆风顺的。前进的道路上总会有暗礁险滩，会有狂风恶浪；当然也有不顺心、不如意的时候，也会存在无所适从，甚至胆怯的时候。但那或许只是一瞬间的事，他们从不会因此而退缩，更不会轻言放弃。

感悟挫折　超越挫折

遇到挫折、畏惧退缩的人，等待他的只有失败。只有断绝退路，勇往直前者，才会无往不胜。

敢想敢做，敢拼敢闯

勇于尝试，那么在某件事上栽跟头可能是预料之中的事；但是，从来没有听说过，任何坐着不动的人会有突破。

有这样一个男孩，他的父亲是位马术师，他从小就必须跟着父亲东奔西跑，一个马厩接着一个马厩、一个农场接着一个农场地去训练马匹。由于经常四处奔波，男孩的求学过程并不顺利。

初中时，有一次老师叫全班同学写作文，题目是“长大后的志愿”。那晚他写了 7 张纸，描述他的伟大志愿，那就是想拥有一座属于自己的牧马农场，并且他仔细画了一张 200 亩农场的计划图，上面标有马厩、跑道等的位置，然后在这一大片农场中央，还要建造一栋占地 400 平方英尺的巨宅。

他花了好大心血把作文完成，第二天交给了老师。两天后他拿回了，第一面上打了一个又红又大的问号，旁边还写了一行字：

下课后来见我。脑中充满幻想的他下课后带了报告去找老师：“为什么给我不及格？”

老师回答道：“你年纪轻轻，不要老做白日梦。你没钱，没有家庭背景，什么都没有。盖农场可是个花钱的大工程，你要花钱买地、花钱买纯种马匹、花钱照顾它们。”他接着说：“如果你肯重写一个比较不离谱的志愿，我会重打你的分数。”

这男孩回家后反复思量了好几次，然后征求父亲的意见。父亲告诉他：“儿子，这是非常重要的决定，你必须自己拿定主意。”再三考虑几天后，他决定原稿交回，一个字都不改，他告诉老师：“即使拿个大红字，我也不愿放弃梦想。”

二十多年后，这位老师领他的30个学生来到那个曾被他指责的男孩的农场露营一星期。离开之前，他对如今已是农场主的男孩说：“说来有些惭愧。你读初中时，我曾泼过你冷水；这些年来，也对不少学生说过相同的话。幸亏你有这个毅力坚持自己的目标。”

这个男孩是一个敢想敢做的人，他没有因为得不到老师的肯定就放弃自己的理想；相反，这更刺激了他实现自己这个理想的动力。他通过自己的努力，向老师证明了自己当初的理想并不是白日梦。

成功人士大都有三个共同的特点：一是敢想，二是敢做，三是能做。敢想并不是毫无根据的乱想，而是要有自己明确的目标，这件事情必须是你真的希望实现的；敢做不是违法乱纪，不择手段，而是一种执着的态度，是一种不达目的不罢休的韧劲；能做的人往往也不需要有太高的天赋，只要你愿意付出勤奋和汗水，就能够成为那个能做的人。

人生的转变不是靠别人带给我们机遇的，而是自己要善于想，敢于做，更要善于把自己所想的化为实际行动。只有这样，你才能有更多的机会去改变自己的人生。

感悟挫折　超越挫折

怯懦无非就是怕失败。但越怕就越不敢行动，越不敢行动就又越怕，一旦陷入这种恶性循环之中，怯懦不免就加深了。应该懂得，越是感到怯懦的事越要大胆去做。只有大胆去做，你才能战胜你的怯懦。

幸运之神只眷顾勇敢者

莎士比亚在《理查二世》里表示，畏惧只会徒然丧了自己的勇气，也就是削弱自己的力量，增加自己对现实环境的害怕。这种情况就等于是让自己的愚蠢攻击自己。

害怕是一盏警灯，它会提醒你前有险阻，但这并不表示你不能安然度过，只要谨慎小心，一样可以克服万难。挫折险阻并不可怕，涉足险境而不自知，那才是最可怕的。

1944年，艾森豪威尔指挥的英美联军正准备横渡英吉利海峡，在法国诺曼底登陆，展开对德战争的另一个阶段。

这次的登陆事关重大，英国和美国合作无间，为这场战役投入了巨大的人力物力。然而人算不如天算，就在一切准备就绪、蓄势待发的时候，英吉利海峡却突然风云突变、巨浪翻天，数千艘船舰只好退回海湾，等待海上恢复平静。数十万名军人被困在岸上，进退两难。

正当艾森豪威尔总司令苦思对策时，气象专家送来最新的报告，资料中显示天气即将好转，狂风暴雨将在3个小时之后停止。艾森豪威尔明白这是千载难逢的好机会，可以攻敌人于不备，只是这当中也暗藏危机，万一气候不若预期中这么快好转，很可能就全军覆没了。

艾森豪威尔经过慎重的考虑之后，在日志中写下："我决定在此时此地发动进攻，是根据所得到最好的情报做出的决定……如果事后有人谴责这次的行动或追究责任，那么，一切责任应该由我一个人承担。"然后，他斩钉截铁地向陆海空三军下达了横渡英吉利海峡的命令。

艾森豪威尔受到幸运之神的眷顾，倾盆大雨果然在3个小时后停止，海上恢复一片风平浪静，英美联军终于顺利地登陆诺曼底，掌握了这场战争得胜的关键。

在人生的道路上，我们必须有勇于行动、一心奔赴目标、不墨守成规的智慧和勇气，才会战胜困难，取得成功。

感悟挫折　超越挫折

你当然有为前途忧心的权利，但是千万别因为一时的害怕而停下了脚步，驻足不前只会让你错失良机。

成功需要敢于行动的勇气

温州商人王均瑶是中国私人包机第一人，他的成功就是由自己当初的大胆想法开始的。1991 年春节前夕，当时还是温州金城实业公司驻长沙办事处主任的王均瑶，赶回家过年，因为买不到火车票，就与几位同乡包了一辆大巴回家。去温州的山路不好走，汽车在漫长的山路中颠簸前行，把一伙人累得够呛，王均瑶随口感叹了一句："汽车真慢！"旁边的一位老乡挖苦说："飞机快，你包飞机回家好了。"说者无心，听者有意，别人眼里的一句反胃的讥讽，却是对王均瑶的当头棒喝。这位爱思索的年轻人开始反问自己："土地可以承包，汽车可以承包，为什么飞机就不能承包？"王均瑶决定大干一番。

在人们的质疑声中，王均瑶义无反顾地踏上了"包机"的道路。他独自一人筹划了很长一段时间，而后又进行了长达八九个月的走访、市场调查和跟有关部门的沟通。首先，他说服了湖南省民航局：温州至长沙的航班客源充足。他调查到至少有 1 万左右的温州人在长沙做生意，并且温商不仅把时间看作金钱，还把精力消耗列作一项经营成本。另外，为了消除民航局对于经营风险的担心，王均瑶采用了“先付钱、后开飞”的合作模式，“我先把几十万元钱押给你们，等于每次先付钱，后开飞，这样你们就‘旱涝保收’了。”这句话打动了民航局的心。

在跑了无数个部门、盖了无数个图章后，温州至长沙的包机航线终于开通了。1991 年 7 月 28 日，对王均瑶来说是个值得纪念的日子。随着一架“安 24”型民航客机从长沙起飞平稳降落于温州机场，中国民航的历史被一个打工仔改写了。一时间，中国及美国、新加坡、日本等国的新闻媒体竞相报道，称此举是中国民航扩大开放迈出的可喜一步。“那是我生命中最重要的一天。我的个人形象、人生道路都改变了！如果说人生是个大舞台，那一天，作为一名演员，我面试合格，被允许登上舞台。”王均瑶这样评价他在生意场的首次重要演出。

他的想法被当时的人看成是白日梦，但是敢想的他并没有让自己的理想止于想象，而是积极地把自己的想法变成实际行动，所以凭借自己敢想敢干的韧劲，他成功了，成为了人们关注的焦点人物。

敢想敢做，可能注定要经受一些挫折，但是那些没有勇气去将自己所想的付诸行动的人，永远都体会不到行动的乐趣。即使是挫折也是自己的一笔宝贵财富，所以，要想成功，就要敢想，更要敢把自己所想的付诸行动。

感悟挫折　超越挫折

人生的转变不是靠别人带给我们机遇的，而是自己要善于想，更要善于把自己所想的化为实际行动。只有这样，你才能有更多的机会去改变自己的人生。

像勇士一样去战斗

把自己视为一个勇敢者的成功形象，有助于打破自我怀疑、畏惧怯懦的习惯，这种习惯是消极的心态在某种性格下经过若干年后逐渐形成的。另一个原因同等重要，它能帮助你改变自己的世界。感觉勇敢起来，表现得好像很勇敢，以意志力来达到这个目标，勇气便可以取代恐惧。

伊尔文·本·库柏是美国最受尊重的法官之一，但这个形象和库柏年幼时的形象是大相径庭的。他是勇敢地克服幼年时的自卑而达到成功的。库柏在密苏里州圣约瑟夫城一个准贫民窟里长大，他的父亲是一位移民，以裁缝为生，收入微薄。为了给家里取暖，库柏常常提着一个煤桶，到附近的铁路边拾煤核。库柏为必须这样做而感到困窘，他常常从后街溜出溜进，以免被上学的孩子们看见。

但是，那些孩子时常看见他，有一伙孩子就常埋伏在库柏从铁路回家的路上，袭击他，以此取乐。他们常把他的煤撒遍街上，使他回家时一直流着眼泪。这时，库柏总是生活在恐惧和自卑中。

有一件事发生并且彻底打破了这种失败的生活方式。库柏因为读了一本书，内心受到了鼓舞，从而在生活中采取了积极的行动。这本书是荷拉修·阿尔杰著的《罗伯特的奋斗》。在这本书里，库柏读到了一位像他那样的少年的奋斗故事。那位少年遭遇了巨大的不幸，但他最终成了一位勇敢的人。库柏也希望具有这种勇气和力量。

库柏读了他所能借到的荷拉修著的书。当他读书的时候，他就进入了主人公角色。整个冬天他都坐在寒冷的厨房里阅读勇敢和成功的故事，不知不觉地形成了积极的心态。

在库柏读了荷拉修第一本书之后的几个月，他又到铁路边去捡拾煤核。在不远处，他看见三个人影在一间房子的后面飞奔，他最初的想法是转身逃跑，但很快他记起了他所钦羡的书中主人公的勇敢精神，于是他把煤桶握得更紧，一直向前大步走去，犹如他是荷拉修书中的一个英雄。

一场恶战发生了，三个男孩一起冲向库柏，库柏丢开铁桶，顽强地挥动双臂进行抵抗，这使三个恃强凌弱的孩子大吃一惊。库柏的右手猛击到一个孩子的嘴唇和鼻子上，左手猛击到这个孩子的胃部，这个孩子便转身溜跑了，这也使库柏大吃一惊。同时，另外两个孩子正在对他进行拳打脚踢，库柏设法推开了一个孩子，把另一个打倒，用膝部猛击他，而且发疯似的连击他的胃部和下颚。现在只剩下一个孩子了，他是领袖，他突然袭击库柏的头部，库柏设法站稳脚跟，把他拖到一边，这两个孩子站着，相互凝视了一会儿。突然，这个领袖一点一点地向后退，也溜跑了。库柏拾起煤，扔向那个退却者，这也许是表示正义的愤慨。

直到那时库柏才知道他的鼻子在流血，他的周身由于受到拳打脚踢，已变得青一块紫一块。这是值得的啊！在库柏的一生中，这一天是一个重大的日子，从此，他克服了恐惧。

库柏并不比一年前强壮多少，攻击他的人并不是不如以前那样强壮，区别仅仅在于库柏自身的心态；他已经无所恐惧，他决定不再听凭那些恃强凌弱者的摆布。从那时起，他要改变他的世界了。

这个孩子给自己设想了一种形象，当他在街上痛打那三个恃强凌弱者的时候，他并不是作为受惊骇的、营养不良的库柏在战斗，而是作为大胆而勇敢的英雄在战斗。

另外一个特别重要而又能够改变你世界的成功技巧是，给自己一个会激励自己做出正确决定的某一形象，比如，一条标语、一幅图画，或者任何对你有意义的象征。像库柏所做过的那样，让你比照一位成功者的形象，你选择谁呢？

感悟挫折　超越挫折

只要你表现得好像勇气十足，你便会开始觉得勇敢起来；若这样持续得够久，佯装就变成了真实，在不知不觉中，真正成为了不惧的勇者。

靠勇气征服命运的巅峰

有一群登山爱好者准备征服一座海拔6000米的高山。他们组成一个小分队扎营在海拔2000米的山脚等待天气好转。他们当中有些是专业性的登山运动员，体魄健壮，经验丰富。

天终于晴朗了，微风轻吹，队员们开始行动起来，由经验丰富的队员带领出发了。

在攀登者脚下，高山有种驯服般的宁静，只有峰顶的冰川在阳光下闪着迷人的光辉，每个登山者都沉浸在攀登的乐趣中。他们用手提电台与基地保持着联系，不时地与遥远的家中通话，向亲人叙述他们在高山上所见的美景。

正当他们慢慢接近主峰的时候，灾难悄悄降临了，乌云翻滚，狂风肆虐，气温骤降。几个经验丰富的登山运动员知道情况不妙，要求大家全力返回。可是，由于在路上逗留时间过长，夜已慢慢逼近，按经验他们已无法下山，只能等营救人员前来。狂风如开堤之水，怒吼而来，许多队员的衣服被风撕破，手套也脱落了……

祸不单行的是，有位队员的腿部被飞石击中，出了大量的血，伤员痛苦地呻吟着。

风越吹越大，严寒也随之降临。伤员极其痛苦地喊：“我冷，我冷……”血流出后又很快结成冰。有一个登山者说：“现在天色尚未全黑，让我来背他下山，或许他会有救。”

“你这是去找死，营救人员马上会来的。”众人劝他。可是，他还是背起伤员努力向山下走去。

夜幕降临了，山上起了暴风雪，营救人员根本无法上山。第二天，营救人员发现在原处等待救援的人们紧紧挤在一起，已经僵硬了；救援的人员又在海拔4000米的地方发现伤员和背着他的人，竟然还活着。

营救人员说在这种天气下能存活下来简直是奇迹。他们分析原因后断定，他们之所以能活着，是因为他们一个晚上都没有停止过高强度的运动。

在具体做某件事情的时候，有些人告诉自己：我已经尝试过了，不幸的是我失败了。其实他们并没有搞清楚失败的真正含义。可以说，大部分人在一生中都不会一帆风顺，难免会遭受挫折和不幸。但是成功者和失败者非常重要的一个区别就是，失败者总是把挫折当成失败，从而使每次挫折都能够深深打击其前进的勇气；成功者则是从不言败，在一次又一次挫折面前，总是对自己说："我不是失败了，而是还没有成功。"一个暂时失利的人，如果继续努力，总想着成功，那么他今天的失利，就不是真正失败；相反，如果他失去了再战斗的勇气，那就是真输了！

美国著名文学家海明威的代表作品《老人与海》中有这么一句话："英雄可以被毁灭，但是不能被击败。"英雄的肉体可以被毁灭，可是英雄的精神和斗志则永远在战斗。有一句名言是这样说的："成功是指最终实现了目标，但并不意味着从不受挫折。成功是赢得了整场战争，而不是赢得每一场战斗。"面对这些名言，你是不是已经听到了前进的号角在吹响？

感悟挫折　超越挫折

在困难面前摔倒是难免的，最关键的是你能够重新站起来，并且承受一次又一次的摔倒，即挫折、失败或迷惘，这样坚持到底，才能取得胜利。

第五章

暗夜中点亮信念的心灯

跋涉于充满挫折和困难的人生之路，我们的内心要始终有必胜的信念。只要有信念，有希望，就可以战胜任何艰难、挫折和逆境。

每天给自己一个信念，只有理智的信念才能支撑我们站起来去扼住命运的喉咙，激励我们用心底的太阳照亮前进的道路。每天给自己一个信念，我们就会每天有一个可喜的改变，我们人生的颓势就会一点点扭转过来，明天才会比今天更美好。

信念激发身心潜能

人生的法则就是信念的法则。相信运气可支配个人命运的人，总是在等待着什么奇迹的出现；而那些相信自己的人，就会依据个人心态的趋向为自己的未来不断努力。

依赖运气的人们常常满腹牢骚，只是一味地期待着机遇的到来。至于获得成功的人，他觉得唯有信念方能左右命运，因此他只相信自己的信念。

在别人看来不可能的事，如果当事人能从潜在意识去认为“可能”，也就是相信可能做到的话，事情就会按照那个信念的强度如何，而从潜在意识中激发出极大的力量来。这时，即使表面看来不可能的事，或许也能够做到了。

朋友们知道蜘蛛是怎样结网的吗？它们是不是会飞？要不，从这个檐头到那个檐头，中间有一丈余宽，第一根线是怎么拉过去的？原来蜘蛛是走了许多弯路的——从一个檐头起，打结，顺墙而下，一步一步向前爬，小心翼翼，翘起尾部，不让丝沾到地面的沙石或别的物体上，走过空地，再爬上对面的檐头，高度差不多了，再把丝收紧，以后也是如此。蜘蛛不会飞翔，但它能够把网结在半空中。它是勤奋、敏感、沉默而坚韧的昆虫，它的网制得精巧而规矩，八卦形地张开，仿佛得到神助，其实，这就是信念的力量。信念是一种无坚不摧的力量，当我们坚信自己能成功时，我们必能成功。

有一年，一支英国探险队进入撒哈拉沙漠的某个地区，在茫茫的沙海里跋涉。阳光下，漫天飞舞的风沙像炒红的铁砂一般，扑打着探险队员的面孔。口渴难耐、心急如焚——大家的水都没了。这时，探险队队长拿出一只水壶，说："这里还有一壶水，但穿越沙漠前，谁也不能喝。"一壶水，成了穿越沙漠的信念之源，成了求生的寄托目标。水壶在队员手中传递，那沉甸甸的感觉使队员们濒临绝望的脸上，又露出坚定的神色。终于，探险队顽强地走出了沙漠，挣脱了死神之手。大家喜极而泣，用颤抖的手拧开那壶支撑他们的精神之水——缓缓流出来的，却是满满的一壶沙子！

他们执着的信念，如同一粒种子，在他们心底生根发芽，最终领着他们走出了"绝境"。真正救了他们的是他们自己，是他们的信念，又怎么可能是一壶沙子呢？

感悟挫折　超越挫折

人类是自己思想的产物，所以我们应当有高标准，提高自信心，并且执着地相信必能成功，高标准会使我们朝高处走。

摆脱笼罩心头的自卑感

俄国著名戏剧家斯坦尼斯拉夫斯基，有一次在排演一出话剧时，女主角突然因故不能演出了。斯坦尼斯拉夫斯基实在找不到人，只好叫他的大姐担任这个角色。他的大姐以前只是一个服装道具管理员，现在突然出演主角，便产生了自卑胆怯的心理，结果演得极差，引起了斯坦尼斯拉夫斯基的烦躁和不满。

有一次，他突然停下排练说："这场戏是全剧的关键，如果女主角仍然演得这样差劲，整个戏就不能再往下排了！"这时全场寂然，他的大姐久久没有说话。突然，她抬起头来说："排练！"一扫以前的自卑、羞怯和拘谨，演得非常自信，非常真实。斯坦尼斯拉夫斯基高兴地说："我们又拥有了一位新的表演艺术家。"

自卑是一种由于过多地自我否定而产生的自惭形秽的情绪。其主要表现为：对自己的能力、学识、品质等自身因素评价过低；心理承受能力脆弱，经不起较强的刺激；谨小慎微，多愁善感，常产生猜疑心理；行为畏缩、瞻前顾后等。自卑心理可能产生在任何年龄段和各种各样的人身上，比如，当德才平平，生命仍未闪现出辉煌与亮丽时，往往容易产生看破红尘的感叹和"流水落花春去也"的无奈，以致把悲观失望当成了人生的主调；当经过奋力拼搏，工作有了成绩，事业上创造了辉煌时，往往担心风光不再，容易产生前途渺茫、四大皆空的哀叹；随着年龄的增长，青春一去不回头，往往容易哀怨岁月的无情和发出红日偏西的慨叹……这种自卑、畏怯的心理是压抑自我的沉重的精神枷锁，是一种消极、不良的心境。它消磨人的意志，软化人的信念，淡化人的追求，使人锐气钝化，畏缩不前，从自我怀疑、自我否定开始，以自我埋没、自我消沉告终，使人陷入悲观哀怨的深渊不能自拔，真是害莫大焉。

自卑是一种消极的自我评价或自我意识，是个体对自己能力和品质评价偏低的一种消极情感。自卑感的产生，不是其认识上的不同，而是感觉上存在差异，其根源就是人们不喜欢用现实的标准或尺度来衡量自己，而相信或假定自己应该达到某种标准或尺度，如“我应该如此这般”“我应该像某人一样”等。这些追求大多脱离实际，只会滋生更多的烦恼和自卑，使自己更加抑郁和自责。自卑是人生成功之大敌，自古以来，多少人为自卑而深深苦恼，多少人为寻找克服自卑的方法而苦苦寻觅。

强者不是天生的，强者也并非没有软弱的时候，强者之所以成为强者，在于他们善于战胜自己的软弱。一代球王贝利初到巴西最有名气的桑托斯足球队时，他害怕那些大球星瞧不起自己，竟紧张得一夜未眠，他本是球场上的佼佼者，但却无端地怀疑自己，恐惧他人。后来他设法在球场上忘掉自我，专注踢球，保持一种泰然自若的心态，从此便以锐不可当之势踢进了1000多个球。球王贝利战胜自卑的过程告诉我们：不要怀疑自己、贬低自己，只需勇往直前，付诸行动，就一定能走向成功。

现在的问题是：假定你有自卑感，而想加以利用，转弱为强，办得到吗？当然，这并不容易，需要非凡的意志和强大的毅力。有不少伟人的生平就是一部奋斗史，显示出他们为了克服内心的自卑不断超越自己从而获得成就的可能性有多大。读达尔文、济慈、康德、拜伦、培根、亚里士多德的传记，就不会不明白，他们的品格和一生不因个人缺陷而受影响；像亚历山大、拿破仑、纳尔逊，是因为生来身材矮小，所以立志要在军事上获得辉煌成就；像苏格拉底、伏尔泰，是因为自惭奇丑，所以在思想上痛下功夫而大放光芒。

唯一的阻碍，不是我们不能改变自己，也不是作出改变有多么困难，而是我们不想改变。现在就是开始改变自卑的时候了，任何人都有自卑的时候，但不能因自卑而影响自己的生活。我们不应让自卑感作祟而使自己觉得难堪，而应战胜自卑，使人生变得更精彩、更丰富。

感悟挫折　超越挫折

我们每个人都或多或少地存在着自卑，自卑并不可怕，可怕的是沉浸在自卑中丧失了追求成功的信念。

可以有挫折，不能没自信

一个人可以出身卑微，可以家境贫寒，可以学识浅薄，可以其貌不扬，可以遭遇挫折，可以遭遇困境，可以失去人生的方向，但有一样东西，绝不可以缺少，那就是自信。

我们有幸来到这个世界取决于大自然的恩惠。大自然造人时赋予了每个人与众不同的特质。在生活中没有谁的基因会和你完全相同，也没有一个人的性格会和你丝毫不差。每个人都以自己独特的方式来与他人互动，进而影响别人。你有权活在这个世上，而你存在于这个世界上的作用是其他任何人无法取代的，因此，你应该相信自己。

自信是一种无形的力量，它支撑着人的生命，它帮助你战胜自我，创造奇迹；它滋润着人们生活的方方面面，不但事业如此，爱情也不例外。

回忆风靡全球的电影《泰坦尼克号》中英俊的杰克和美丽的露丝之间的爱情，也许会让你得到一些体会和感悟。

一无所有的杰克爱上了一位富翁的未婚妻——露丝，在财富与地位面前，杰克毫不自卑。在那次晚宴上，露丝的母亲因看不起杰克，故意讥讽，问道："三等舱的感觉怎么样？"

"太好了，没有老鼠啊！"杰克自豪地说。

"你觉得像你这样到处流浪、没有根基的生活有趣吗？"

"太好了，我虽然一无所有，却能呼吸自由的空气，享受明媚的阳光，欣赏迷人的风景，聆听大自然的音乐。前两天，我还在桥洞里过夜，今天，我居然在豪华的泰坦尼克号上和世界上最富有的人们共进晚餐，生活就是这样奇妙。生命是上帝赋予的，我不想浪费。”

杰克对生命的无限自信最终赢得了露丝的芳心，尽管这份爱情很短暂，却在大海中成为永恒。

然而，尽管我们都知道自信对于一个人能否成功的作用至关重要，但更多的时候，我们很难做到坚持己见。我们总是在别人否定自己之后，开始怀疑自己，直到否定自己。例如，你今天决定干一件事，有人对你说，“不好做，那太难了”。也许你会马上放弃，连尝试的勇气都没有。又比如，你选择了一个女朋友，但因为父母的反对，就决定放弃，重新找一个。就这样，我们总是在能够做主的事情上犹豫不决。

某个疯人院里有五百个疯子，这五百个疯子各自投入地干自己想干的事，都觉得自己很正常，别人也很正常。可是，有一天，疯人院来了一个正常人。五百个疯子异口同声地说：“来了一个疯子。”那个正常人一开始还能坚信自己是个正常人，可是时间长了，他也有点怀疑，自己到底是不是正常人呢？又过了一段时间，这个正常人终于彻底地认为自己是个“疯子”了，而疯人院里也有了五百零一个疯子。

如果我们在众多的否定声中怀疑自己，从而停滞不前，那么失败是必然的。当这种失败被我们误认为是自己无能的证据时，自卑情绪就会加重，这种消极的思想会给我们带来源源不断的负面影响。反之，如果我们在心里一直不停地告诉自己：“我行，我一定行。”那么终究有一天，我们取得的哪怕是一点小小的成功，都会使我们的自信心倍增。而当我们以更大的自信去奋斗时，必然会取得更大的成就。

感悟挫折　超越挫折

你是不是天才不要紧，关键是你要相信自己是天才；你是不是成功人士没关系，关键是你要相信自己终有一天会有所作为。

先打败自己，后打败挫折

成功学大师拿破仑·希尔曾引用过的一首诗，其中有几句是这样的：

如果你认为自己已经被打败，
那你就被打败了；
如果你认为自己并没有被打败，
那么你就并未被打败。
如果你想象获胜，但又认为自己办不到，
那么，你必然不会获胜；
如果你认为你将失败，
那你已经失败了。
……

华盛顿·欧文说："思想浅薄的人会因为生活的不幸而变得胆

小和畏怯，而思想伟大的人则只会因此而振作起来。”我们要想一直在通往成功的道路上前行，永远相信自己的能力是至关重要的。

聪明的人会把困难和不幸当作成长的机会，有自信的人欢迎这种逆境下的奋斗，因为他们知道这是砥砺品格磨炼意志的最好时机。他们了解战胜这些困难有助于建立勇气和恢宏的气度。如果我们不经过练习，生活好像置身“玫瑰床”中，那我们就会成为永远长不大的小孩。

通往自信的关键是自律。自信使我们能以智力、体力来迎接任何挑战，但那只有在我们能完全控制自己时才能达成。我们每个人都应该克服自我怀疑的心态，使自己的潜能发挥到极致。我们不能等那个犹疑不定的自我给我们允许才行动，我们应该坚定不移、勇往直前地去做。

感悟挫折　超越挫折

罗曼·罗兰说过：“一个不能打败自己的人，便是自己最大的敌人。”人生的失败大多不是被外在环境打败，而是被自己打败。被自己打败是最可悲的失败。要战胜失败，先要战胜自己。

挫折中扬起信念的风帆

一位叫林德曼的精神病学专家独自一人驾着一叶小舟驶进了

波涛汹涌的大西洋。他在进行一项历史上从未有过的心理学试验，预备付出的代价是自己的生命。

林德曼博士认为，一个人只要对自己抱有信心，就能保持精神和身体的健康。当时，德国举国上下都在注视着他独自驾舟横渡大西洋的悲壮冒险。已经先后有一百多位勇士相继驾舟横渡大西洋，结果均遭失败，无人生还。林德曼博士认为，这些死难者首先不是从肉体上败下阵来的，主要是死于精神上的崩溃，死于恐怖和绝望。为了验证自己的观点，他不顾亲友们的反对，亲自进行了试验。

在航行中，林德曼博士遇到了难以想象的困难，多次濒临死亡。他的眼前甚至出现了幻觉，运动感也处于麻木状态，有时真是绝望了。但只要这个念头一升起，他马上就大声自责："懦夫，你想重蹈覆辙，葬身此地吗？不，我一定能够成功！"生的希望支撑着林德曼，最后他终于成功了。他在回顾成功的体会时，他说："我从内心深处相信一定会成功。这个信念在艰难中与我自身融为一体，它充满了我身体的每一个细胞"。

一个人如果不对自己失望，精神就永远不会崩溃。

有一位姑娘在一家旅馆工作，负责旅客的住房登记。不知什么时候，姑娘染上一个毛病，当着众人写字时手就发抖，抖得或者把字写得一塌糊涂，或者干脆就写不下去了。然而，姑娘的手写字抖动的程度是因人而异的，遇到比她文化程度高的人，如大学生、研究生，她心里一有自卑感时，手就抖得格外的厉害；反之，遇到文化程度不如她的（姑娘是高中毕业），她则有了“自信”，此时再写字就轻松自如多了。

为了克服消极、否定的态度，我们应该试着采取积极、肯定的态度。如果自认为不行，身边的事也抛下不管，情况就会渐渐变得如自己所想的一样。缺乏自信时，我们更应该给自己打气。

据说拿破仑亲率军队作战时，同是一支军队的战斗力，便会增强一倍。原来，军队的战斗力在很大程度上基于士兵们对统帅的敬仰和信心。如果拿破仑在率领军队越过阿尔卑斯山的时候，只是坐着说：“这件事太困难了。”毫无疑问，拿破仑的军队永远不会越过那座高山。拿破仑的自信和坚强，使他统率的每个士兵增加了战斗力。所以，无论做什么事，坚定不移的自信力是达到成功所必需的和最重要的因素。

如果我们怀疑自己，从而停滞不前，那么，失败是必然的。当这种失败被我们误认为是自己无能的证据时，我们的自卑情绪就会加重，这种消极的思想会给我们带来源源不断的负面影响；反之，我们如果在心里一直不停地告诉自己：我行，我一定行。终究有一天，我们取得的哪怕是一点小小的成功，都会使我们的自信心倍增。

感悟挫折　超越挫折

当我们以更大的自信去奋斗时，必然会取得更大的成就。

自信的心态，胜利者的姿态

对于连锁机构遍布全球的高档酒店希尔顿，几乎无人不知，无人不晓，但你可曾知道它的创始人——世界酒店大王希尔顿，在开始创业时仅有200美元资金？那你可能会问是什么使他获得了那么巨大的成功，答案只有两个字——“自信”。

希尔顿刚开始创业时，把眼光瞄准了酒店业。但是他几乎没有任何启动资金，但强烈的自信让他预感到了他将会成功。于是，他就凭借其自信的言行四处游说，希望那些银行家和风险投资商们能为他的项目注入资金。最终，在希尔顿强烈自信心的感染下，再加上他的项目本身切实可行，很多金融家纷纷投资。

有了资金作为铺垫，于是项目很快被启动。但就在酒店建设进行到了一半的时候，有个投资商由于听信了谣言而对希尔顿产生了怀疑，并嚷着要撤出资金。稍微有些金融常识的人都知道，如果这时有人突然撤资，很可能会引起雪崩般的连锁反应，到时一看形势不好可能所有的投资人都会提出这种要求。由于当时很多资金已经投资进去了，希尔顿已经没有了能力去全部偿还那笔钱，到时资不抵债的他很可能会被起诉。

面对这突然的变故，自信的希尔顿却冷静如常、镇定自若。他提前准备好了大量的现金和支票，随后把那个吵着要撤资的投资商请了过来，然后开诚布公地问他：“想要现金还是支票？”来人看到了希尔顿那里满抽屉的现金与支票后，仍然不为之所动。

希尔顿又对他说："等你走的时候，如果你还是要坚持撤回投资，那就现金支票任你选。"无疑，希尔顿的这番信心十足的话语，起到了一定的作用。那个人一时不再谈论要撤回投资的事，趁着自己已经稳住了对方的情绪，希尔顿又乘胜追击，但他并没有直接反驳对方，而是入情入理地为他分析道："你看，现在项目已经展开，如果按预定的计划进行下去，你一定能够得到应有的投资回报。但如果你这时宣布撤回投资的话，那么，你不仅得不到收益，而且会因为破坏合同而必须进行赔偿，将会更加得不偿失。"那个人最终被希尔顿的自信和乐观所感染，决定继续进行投资，酒店的建设也得以顺利进行，希尔顿的事业从此蒸蒸日上。

信心能够感染你周围的人，更能带来成就和财富。如果你是位领导者或发起人，你的信心将会直接影响下属和跟进者的信心，特别是在关键时刻，就更应该表现出你的自信与冷静。如果你本人都已经丧失了信心，其他人一定会更加慌乱，更加不知所措。

换句话说，自信和他信几乎同等重要，要使他人相信我们，我们自身首先必须展现出强烈的自信和必胜的精神。

令人信服和使人充满活力的正是我们身上那种神奇的自我肯定的力量。如果你的心态不能给你提供精神动力，那么，你就不可能在世上留下一个自信者、积极者的美名。一些人总是奇怪自己为什么在社会中如此卑微，如此不值一提，如此无足轻重。其中的原因就在于他们不能像自信者那样去思考，去行动；他们没有自信者、胜利者的心态，他们总给人以软弱无力的印象。要知道，思想积极的人才富有魅力，思想消极的人则使人反感，而胜利者总是在精神上先胜一筹。

如果我们具有一种无与伦比的自信，如果我们展示给人的是一种自信、勇敢和无所畏惧的形象，那么，我们的事业必将会获得巨大的成就。

感悟挫折　超越挫折

世人都会青睐那种极具自信且有胜利者气度的人，总是喜欢那种给人以必胜信心并总是在期待成功的人。

永恒的信念，生命的支点

俄国的列宾曾经说过："没有原则的人是无用的人，没有信念的人是空虚的废物。"信念是一个人的支柱，人一定要用坚定的信念支撑自己在人生道路上走下去；任何别的东西都不可能成为你永远的支撑点。

6名矿工在很深的井下采煤，突然，矿井坍塌，出口被堵住，矿工们顿时与外界隔绝了。大家你看看我，我看看你，一言不发。他们一眼就能看出自己所处的险境。凭经验，他们意识到自己面临的最大问题是缺乏氧气，如果应对得当，井下的空气还能维持三个多小时，最多三个半小时。

外面的人一定已经知道他们被困了，但发生这么严重的坍塌，就意味着必须重新打眼钻井才能找到他们。在氧气耗尽之前他们能获救吗？这些有经验的矿工决定尽一切努力节省氧气。他们说好了要尽量减少体力消耗，关掉随身携带的照明灯，全部平躺在地上。

在四周一片漆黑的情况下，很难估计时间，幸好他们当中有人有夜光表。

5个人都向这个人问时间：过了多少时间了？还有多长时间？现在几点了？

时间被拉长了，在他们看来，两分钟的时间就像一个小时一样，每听到一次回答，他们就感到更加绝望。

他们当中的负责人发现，如果再这样焦虑下去，他们的呼吸会更急促，这样会要了他们的命的。所以他要求由戴手表的人来掌握时间，每半小时通报一次，其他人一律不许再问。

大家遵守了命令。当第一个半小时过去后，这个人就说："过了半小时了。"大家都喃喃低语着，空气中弥漫着愁云惨雾。戴手表的人发现，随着时间慢慢过去，通知大家最后期限的临近也越来越艰难。于是他擅自决定不让大家死得那么痛苦，他在通报第二个半小时的时候，其实已经过了45分钟。

谁也没有注意到有什么问题了，因为大家都相信他。在第一次说谎成功之后，第三次通报时间就延长到了1小时以后。他说："又是半个小时过去了。"另外5个人各自都在心里计算着自己还剩下多少时间。

表针继续走着，大家都怕听到时间通报。外面的人加快了营救工作，他们知道被困矿工的位置，但他们很难在4个小时之内救出他们。

四个半小时过去了，最可能发生的结果是找到6名矿工的尸体，但他们发现其中5人还活着，只有一个人窒息而死，他就是那个戴表的人。

戴表的人知道准确的时间，所以他认定自己在三个半小时后肯定会死去；其余的5个人也有这种认定，但是他们没有听到报时就认定了半个小时还没到，所以他们坚持了更长的时间。这就说明在绝境之中，如果有一种坚定的力量支撑的话，就可以创造奇迹，这在某种程度上说明了心理暗示对人的影响是很大的，所以，我们应该找到自己的信念，并始终把它记在心上，一定会获得更大的成功。

信念是支撑一个人一辈子的力量，那些有所成就的人，都有坚定的信念，无论是顺境还是逆境，他们都不曾忘却自己所坚持的信念，信念在逆境中能够让人产生极强的求生欲望，支撑自己活下去，并最终有所成就。

信念是一个力大无比的巨人，它可以创造出令人难以置信的奇迹。每个人在自己的一生中，都会遇到困难和挫折，但只要有坚定的信念，你的生命就会焕发出灿烂的光芒。将信念风帆高高扬起时，你一定可以航行得更远。

感悟挫折　超越挫折

信念是一种强大的力量，它可以使人在黑暗中不停止摸索，在失败中不放弃奋斗，在挫折中不忘却追求。在它面前，天大的困难微不足道，无边的艰险不足为奇。

在心中点一盏希望之灯

这是一个真实的故事。

一天，一个男孩送给他的女朋友一台汉显传呼机，温柔地对她说："我以后再也不怕找不到你了。"女孩调皮地说："如果我离开这座城市，你就呼不到我了。"男孩得意地摇摇头："我可是办了漫游的，无论你走到哪里我都会呼到你。"

女孩问他传呼号是什么，男孩说："这是爱情专线，号码不公开。"从此女孩每天都把它带在身边，一刻也不离开。在一个阳光明媚，让人有一份好心情的周末，女孩只留了一张字条给父母，坐上汽车奔向邻近的县城游玩，但是没有人知道女孩正走向一场灾难……

女孩在县城玩了一天，拖着沉沉的脚步找到了一间带淋浴间的小旅馆。一走进房间，女孩迫不及待地走进浴室，想洗去一身的疲惫。当女孩正准备脱衣服的时候，脚下一阵晃动，她急忙扶住一根铁管，心想错觉吗？但是当第二次晃动时，女孩知道这不是错觉。跟随第二次的晃动中还带有急促和沉闷的断裂声，女孩的全身开始战栗，她知道可怕的地震来了。随着第三第四次的更加猛烈的震动，无边的黑暗和无边的恐惧把女孩紧紧地包裹起来。女孩像一只受伤的野兽，拼命地放声号叫，拼命地拍打浴室的门板。然而一切都是徒劳，女孩无力地蜷缩在阴凉冷漠的地上。

不知过了多久，忽然腰间一阵颤动，是呼机。女孩匆匆地摘下它，在黑暗中摸索着按到了键子，即看到了绿色的光芒："林先生请你七点钟到老地方见面。"读着这句话，女孩的泪水又一次涌出来，滑过嘴角，咸咸涩涩的。想着电话那边的他，女孩又再一次尝试着走出困境，但是是再一次的徒劳与绝望。女孩跌坐在地上，把自己缩成一团，眼睛盯着呼机的屏幕。不知过了多久，女孩睡着了，又不知过了多久，呼机再一次在女孩的手中颤动了："林先生问你在哪里，请速回电话。"女孩再一次流下眼泪，我想告诉你我在哪里，但是我办不到啊。渐渐地女孩平静了下来，面对无法挽回的死亡，女孩不知道自己还能做什么。呼机第三次振动：去了你家，看到你留下的字条，请火速回家。"女孩的心又开始躁动。呼机第四次振动："我听到广播，知道你那里发生了什么，相信你此时正拿着呼机读我的话，我们很快会见面的。"似乎有一缕曙光在女孩的眼前闪过。女孩期待呼机第五次的振动，此时的呼机成了她生命唯一的寄托。

时间一分一秒的过去了，呼机像一个疲惫的孩子一样睡着了。终于第五次的振动来了："我去找你，车不通，想尽各种办法，还是无功而返。我相信你不会出问题的，你是一个聪明又好运的女孩。我等待你的归来！”第六次，第七次……女孩在男孩一次又一次的传呼中度过了一个又一个恐惧与绝望的时刻，不知不觉已经两天两夜了。

死亡的阴影越来越紧地箍住女孩的全身，仿佛看到自己体内的鲜血和肌肉正被一条黑色的巨蛇一口一口贪婪地吞噬。女孩觉得自己快不行了，连哭泣的力量都没有了，她的思想开始混乱，感觉自己正在往下沉，就在沉到底的时候，呼机第三十八次，也许是第四十八次，五十八次振动起来，那振动像磁铁一样，牢牢吸住了女孩体内残余的所有能量：“我们什么时候结婚？举行哪些仪式？从现在开始我们分别设想一下，日后评选出最佳方案。”结婚，婚礼，实在是太诱人了，女孩陷入了遐想之中。海底婚礼，像鱼一样自由自在穿梭在海洋世界；跳伞婚礼，与白云并肩飞在空中……女孩再一次振作起来，是啊，人生那么美好，又有多少美好的人生在等着我呢。第六十次，第六十一次。

男孩一次又一次地向女孩传呼；一次又一次地给女孩注入生命的活力；一次又一次地把女孩的生存信念从崩溃的边缘拉回来……

度过了漫长的四个昼夜，女孩获救了。当她看到男孩惨白的脸，火一样的眼睛，一下子明白了世间最为珍贵的就是爱。女孩在担架上轻轻地拉着男孩的手，柔柔地说：“我是你今生的新娘。”

我们要在心中为自己点燃一盏希望之灯，当我们感到失望和困惑时，便用它去照亮前方的道路，从而看到远方的光明，鼓舞自己坚定地走下去。

感悟挫折　超越挫折

信念的力量是无穷的，只要你相信、只要你坚持，奇迹就有可能发生。

信念如炬，照亮坎坷人生

每个人靠什么东西在日复一日地生活？是信念！信念就像一盏灯，在不远处散发着亮光，指引着我们不断地前进。

一艘航行中的船在大海上遇上了突如其来的风暴，不久就沉没了，船上的人员利用救生艇逃生。在大海中他们被海风吹来吹去，一位逃生者迷失了方向，救援人员也没能在搜寻中找到他。

天渐渐地黑下来，饥饿寒冷和恐惧一起袭上心头。然而，他除了这个救生艇之外一无所有，灾难使他丢掉了所有，甚至即将夺去他的生命；他的心情灰暗到极点，他无助地望着天边。忽然，他似乎看到一片阑珊的灯光，他高兴得几乎叫了出来。他奋力地划着小船，向那片灯光前进，然而，那片灯光似乎很远，天亮了，他还没有到达那里。

他继续艰难地划着小船，他想那里既然能看到灯光，就一定是一座城市或者港口；生的希望在他心中燃烧着，死的恐惧在一点点地消失。白天时，灯光是自然没有了，只有在夜晚，那片灯光才在远处闪现，像是在对他招手。

一天过去了，食物和水已经快没有了，他只有尽量少吃。饥饿、干渴、疲惫更加严重地折磨着他，好多次他都觉得自己快要崩溃了，但一想到远处的那片灯光，他又陡然添了许多力量。

第四天，他依然在向那片灯光划着，最后，他支持不住昏了过去，但他脑海中依然闪现着那片灯光。

晚上，他终于被一艘经过的船只救了上来，当他醒过来时，大家才知道，他已经不吃不喝在海上漂泊了四天四夜，当有人问他，是怎么样坚持下来时，他指着远方的那片灯光说："是那片灯光给我带来的希望。"

大家望去，其实，那只不过是天边闪烁的星星而已！

在生命的旅途中，一定会遇到各种挫折和困境。这时，只要心头有一个坚定的信念，努力地去寻找，就一定会渡过难关的。

在我们每个人的生活中，都需要燃起这样的"灯火"。当我们被失败和挫折所困扰时，抬头看看前面的灯火，便会心生勇气和力量，因为那是我们日夜企盼的目标，我们是那样地希望得到它，又怎会随便放弃呢？因为，它已在我们的眼前，它已并不遥远了啊！

这样的灯火，要燃起在我们的心中，才能照亮我们的心灵，这就是我们的信念。

感悟挫折　超越挫折

每天都给自己一个信念，有了目标，并向着目标坚定地前进，相信前面一定会有属于我们的一片光明。

坚定信念，叩开成功之门

一位父亲和他的儿子出征打仗。父亲已做了将军，儿子还只是马前卒。又一阵号角吹响，战鼓擂响了，父亲庄严地托起一个箭囊，其中插着一支箭。父亲郑重地对儿子说："这是家袭宝箭，佩带身边，力量无穷，但千万不可抽出来。"

那是一个极其精美的箭囊，厚牛皮打制，镶着幽幽泛光的铜边儿，再看露出的箭尾，一眼便能认定是用上等的孔雀羽毛制作。儿子喜上眉梢，贪婪地想象箭杆、箭头的模样，耳旁仿佛嗖嗖的箭声掠过，敌方的主帅应声落马而毙。

果然，佩带宝箭的儿子英勇非凡，所向披靡。当收兵的号角吹响时，儿子再也禁不住得胜的豪气，完全忘记了父亲的叮嘱，强烈的欲望驱赶着他"呼"一声就拔出宝箭，试图看个究竟。骤然间他惊呆了："一支断箭，箭囊里装着一支折断的箭。"

"我一直挎着支断箭打仗呢！"儿子吓出了一身冷汗，仿佛顷刻间失去支柱的房子，意志轰然坍塌了。结果不言自明，儿子惨死于乱军之中。战争结束后，父亲捡起那支断箭，心情沉重地啐了一口道："不相信自己的意志，永远也做不成将军。"

儿子把自己的胜算全都寄托在一支宝箭上，多么愚蠢，这种寄托本身就是不坚实的，如果失去了这支箭，自己就彻底崩溃了，只有来自心灵的支撑才是永久的，才是最有力量的。自己才是一支箭，若要它坚韧，若要它锋利，若要它百步穿杨，百发百中，磨砺它、拯救它的都只能是自己。

有时候，我们可能会听到这样的话："光是像阿里巴巴那样喊'芝麻，开门'，就想使门真的移开，那是根本不可能的。"说这话的人把"信念"和"想象"等同起来了。不错，我们无法用"想象"来移动一座山，也无法靠"想象"实现我们的目标，但是只要有信念，我们就能移动一座山。只要相信我们能成功，我们就会赢得成功。

关于信念的威力，并没有什么神奇或神秘可言。信念起作用的过程其实很简单：相信"我确实能做到"的态度，产生了能力、技巧与精力这些必备条件，每当我们相信"我能做到"时，自然就会想出"如何去做"的方法。

感悟挫折　超越挫折

任何人都有成功的机会，最实用的成功经验，那就是"坚定不移的信念"。

第六章

与挫折为友，以挫折为师

失败是成功之母。挫折并不是失败的标志，而是成功之始。挫折对无能的人是一个无底深渊，而对那些以挫折为师的人来说则是一块成功的垫脚石。

挫折绝非是消极的起因，而是让你积聚力量勇气、让你再次赢得人生辉煌的强劲动力。把挫折当历练，才能使人头脑清醒，进而觅出战胜挫折的良方。在挫折中学习，在挫折中磨炼，在挫折中成长，在挫折中磨砺出更强大更有力量的自己。

失败给你当头一棒

“失败是成功之母。”每一个成功的人也都是由失败一步一步走来的，所以不要畏惧失败，不要因为失败痛哭不止，甚至忘记了重新赶路；也不要因为害怕失败而拒绝重新来过。无论你做什么，一次成功的概率是很小的，而且越是伟大的事情，越是历经坎坷才能完成。所以，不要再为了昨天的失败而耿耿于怀，对着失败勇敢地笑一下，相信新的一天就有奇迹出现。

作为一名成功人士，李易对于8年前的那次投资失败，至今依然记忆犹新。对他而言，那次失败真的是命运的转折点，如果他没有迈过那个大坎，现在的他或许依然是落魄不堪。那一年，在下海经商的浪潮下，李易辞去了稳定的工作，想自己创立一番事业。

创业之路是艰难的。他的公司在激烈的市场竞争中跌跌绊绊地一路走来，虽然一直没有很多的成绩，但是也是稳中求进。不料，由于他的一次投资失败，不但没有获得利润，而且差点将他的老底全部折进去。公司的员工辞职的辞职，跳槽的跳槽，好好的一个公司眼看就垮了。看着这样的失败，一时之间，李易心灰意冷，他时常借酒浇愁，看着眼前的烂摊子，于是愁上加愁。家人、朋友的劝告也没有效果，那时候的他脑子里面全是“失败”两字，一想到这次失败把他好几年的心血全部赔进去了，他就寝食难安。

后来，因为精神不佳、吸烟、失眠等一系列的问题导致了他身体的不适，最终他接受了朋友和家人的劝告，去接受了心理医生的辅导。在医生的帮助下，他慢慢地开始冷静下来，开始重新思考。他意识到，生意上的失败带给他的不过是钱财的损失，但是精神上的失败则会导致他人生的损失。

自助者，天助也。在他打算振奋精神重新来过的时候，上天也给了他一个机会。他以前的一个生意伙伴主动联系上他，要与他共同完成一个生意计划。有了以前的经验，他在这次难得的机会中发挥了超常的慎重和冷静，圆满地完成了合作，稳赚了一笔。从那以后，他和他的公司又恢复了以前稳中求进的状态，以前的那次失败让他学会了慎重从事，也学会了如何正确地看待失败。

假想李易没有从那次失败中走出来，那么今天的成功可能只是他的幻想。每一个人都不可能永远一次做对，事实上，失败对于成功者才是珍贵的经验。如果因为一次失败就放弃了探索，那么人或许就不会站立走路，人类文明或许也不会发展到现在的程度。

人生不如意事十有八九，所以正确地看待失败的出现，不要埋怨命运对你不公。成功对于每一个人都是公平的，而你是否能从失败的阴影中走出来，继续赶路，这才是你是否能取得成功的关键。相信所有的努力都不会白白流走的，它们或许正以别的形式在支持着你的成功。

感悟挫折　超越挫折

失败对人的打击是巨大的，但是你不能因为这沉重的打击就丧失了对明天的希望。表面上看因为失败，你先前做的努力、耗掉的时间都付诸东流，可是实际上它并不是完全没有意义的，起码它向你指明了这条方向是错误的，为你今后的正确选择奠定了基础。

把挫折当作上苍的礼物

人的一生绝不可能是一帆风顺的，有成功的喜悦，也有无尽的烦恼；有波澜不兴的坦途，更有布满荆棘的坎坷与险阻。当苦难的浪潮向我们涌来时，我们唯有与命运进行不懈的抗争，才有希望看见成功女神高擎着的橄榄枝。

古希腊神话传说中，有这样一个故事，很耐人寻味：

天神西西弗斯因为在天庭犯了法，遭到宇宙之神宙斯惩罚，降到人世间来受苦。宙斯对他的惩罚是：推一块石头上山。每天，西西弗斯都费了很大的劲儿把那块石头推到山顶，然后回家休息时，石头又会自动地滚下来。于是，西西弗斯又要把那块石头往山上推。这样，西西弗斯不得不在永无止境的失败命运中，受苦受难。西西弗斯每次推石头上山时，其他天神都打击他，告诉他不可能成功。但西西弗斯不肯认命，一心想着推石头上山是他的责任，只要把石头推上山顶，责任就尽到了。至于石头是否会滚下来，那不是我的事。

所以，当西西弗斯努力地推石头上山的时候，他心中显得非常的平静，因为他安慰着自己：明天还有石头可推，明天还有希望。

宙斯对西西弗斯无可奈何，最后只好放他回了天庭。

把困难当作机遇，把挫折当磨炼，把命运的折磨当作人生的考验，把今天的苦楚寄希望于明天的甘甜，这样的人，即便是上帝对他也无能为力。

孟子云："天将降大任于斯人也，必先苦其心志，劳其筋骨，饿其体肤，空乏其身，行拂乱其所为，所以动心忍性，增益其所不能。"苦难是锻炼人意志的最好的学校。与苦难搏击，它会激发你身上无穷的潜力，锻炼你的胆识，磨炼你的意志。

也许，身处苦难之时你会倍感痛苦与无奈，但当你走过困苦之后，你会更加深刻地明白：正是那份苦难给了你人格上的成熟和伟岸，给了你面对一切无所畏惧的能力，以及与这种能力紧密相连的面对苦难的心态。

感悟挫折　超越挫折

挫折，在不屈的人们面前会化成一种礼物，这份珍贵的礼物会成为真正滋润你生命的甘泉，让你在人生的任何时刻，都不会轻易被击倒！

从跌倒中学会走路

1989 年，日本松下公司公开招聘管理人员，一位名叫福田三郎的青年参加了应试。考试结果公布了，福田名落孙山。得到这一消息后，福田深感绝望，顿起轻生之念，幸亏抢救及时，他自杀未遂。此时公司派人送来通知，原来福田被录取了，他的考试成绩名列第二，因当时计算机出了故障，所以统计时出了差错。然而，当松下公司得知福田因未被录用而自杀时又决定将他解聘。其理由是，连这样小小的打击都经受不起的人，又怎么能在今后艰苦曲折的奋斗之路上建功立业呢？由此可见心理素质对一个人来说是何等重要！

人生的路上充满坎坷，一个人不可能永远一帆风顺，难免遇到挫折。遇到挫折并不可怕，重要的是你如何面对它。有的人会灰心，会气馁，就像上述这位青年；而有的人会调整心理，重整旗鼓，就如威灵顿将军……不愿面对失败的人，永远都是失败的；而敢于面对失败的人，即使他最后失败了，但他仍然是胜利了，因为他懂得如何对待挫折。

有这样一则故事。

草地上有一个蛹，被一个小孩发现并带回了家。过了几天，蛹上出现了一道小裂缝，里面的蝴蝶挣扎了好长时间，身子似乎被卡住了，一直出不来。天真的孩子看到蛹中的蝴蝶痛苦挣扎的样子十分不忍。于是，他便拿起剪刀把蛹壳剪开，帮助蝴蝶脱蛹出来。然而，由于这只蝴蝶没有经过破蛹前必须经过的痛苦挣扎，以致出壳后身躯臃肿，翅膀干瘪，根本飞不起来，不久就死了。自然，这只蝴蝶的欢乐也就随着它的死亡而永远地消失了。

这个小故事也说明了一个人生的道理，要得到欢乐就必须能够承受痛苦和挫折。这是对人的磨炼，也是一个人成长必经的过程。

小时候，我们都是从跌倒中学会走路的，即使长大成人，这样的成长方式也不会改变，我们仍然得“从跌倒中学会走路”。

每个人都有自己的特点，每个人都有适合自己的道路，不管你适合哪条道路，专心不二地走下去。不要一直看着这个人付出巨大的努力而终于得到了事业上应得的回报，受其感动自己也想出去走一走吃点苦头，从而走向成功。也不必又想着那个人因茫茫人海结缘而平步青云，就想着自己也去碰一个能拉自己一把的人，使自己的人生早日走向坦途。因为每个人都有适合自己的道路，所以切勿朝三暮四，见异思迁。世界本不浮躁，只因自己的心没有固定的地方所以浮躁。去掉了浮躁，一心向着理想专心努力，就能迎来成功。

感悟挫折　超越挫折

每一个困难与挫折，都只是生活中必然的跌跤动作，我们不必太过惊慌或难过，只要心里牢牢记得小时候那种不怕跌倒的勇敢精神，鼓励自己站起来，拍拍屁股，然后继续前进，或许下一步，我们就能踏着沉稳的步伐，朝着人生的新目标前进。

在挫折中历练成长

沃克林是一个农民的儿子。他从小家境贫寒，但聪明好学，上学时常受老师的赞赏。老师常对沃克林这么说：“努力吧，孩子，总有一天，你会像教区委员一样尊贵的。”一位乡村药剂师欣赏沃克林强壮的胳膊，答应给他提供一份捣碎药片的工作，但这位药剂师不允许他勤工俭学，热爱学习的沃克林毅然辞去了这份差使，背上书包离开家乡去了巴黎。在巴黎，他想找到一份药剂师侍童的工作，结果没有找到，后来疲劳和贫困折磨得他病倒在街头，正当他断定自己必死无疑时，一位过路的好心人把他送到了医院里。他康复后，继续去找工作。皇天不负有心人，他终于找到了一个药剂师的工作。后来，著名化学家福克罗伊听说了这个年轻人的事迹，他非常喜欢这个勤奋好学的小伙子，就把他带在身边，成为自己的得力助手。多年以后，福克罗伊去世了，沃克林作为化学教授继承了他的事业。他衣锦还乡回到了阔别多年的、曾有过不堪回首童年的家乡。

莎士比亚说：“与其责难机遇，不如责难自己。”这就是人生的基本课程。我们只要仔细回顾一下身边的大量事例，就会发现人的素质在改变命运时所起的作用。

大学毕业时老教授问了学生这样一个问题：

“当狂风暴雨来临，泥石流滚滚而下的时候，你正好站在一座大山脚下，这时你是向风雨猛烈的山顶跑呢，还是迅速向平坦的洼地撤退？”

“当然是向平坦的洼地撤退了。”学生们不假思索地回答。

“错。”老教授平静地说。接下来，老教授讲的话让同学们恍然大悟。

如果向平坦的地方跑，你跑得再快也不可能快过山洪暴发引起的那一泻千里的泥沙石块，这些泥沙石块随时都有可能将你悄无声息地埋没。

如果你继续向山顶攀登，向上跋涉，虽然这样很缓慢，但至少山顶是没有泥石流的，这样你就少了一分危险，你等于是在为自己创造一个安全的环境，是在一步步地向生的希望迈进！

教授想教给学生的哲理是：不论在什么情况下，不管是什么样的困境，你都要迈向风雨。有时看起来比较难做的方法往往是成功的捷径。

感悟挫折　超越挫折

巴尔扎克说：“挫折和不幸，是天才的进身之阶，是信徒的洗礼之水，是能人的无价之宝，是弱者的无底深渊。”我们没人喜欢面对困难和不幸，但聪明的人善于把它当作成长的机会。

不经严寒，怎得梅花芬芳

上苍赐予梅花沁人心脾的芬芳，同时也给了它必须经受寒冷的逆境。不经一番寒彻骨，怎得梅花扑鼻香？逆境是芬芳的前奏，逆境是成功的前提。我们要乐观地看待逆境的出现，不要躲避它的历练，记住一点：逆境是上苍的礼物。

当我们出生在人世间的哪一瞬，上苍就赐予了我们很多礼物，包括生命、语言、美貌、健康，当然还有逆境和磨炼。或许你会问磨炼也能称得上是礼物吗，里面都是一些痛苦和泪水，回答是肯定的。逆境让你更加深刻地理解人生，更加真切地体会生命。正是因为这些逆境的存在，你的人生才充满力量和斗志。

在地球上，有这样一种飞蛾，它的名字叫作帝王蛾。能称得上是蛾中之王的它们，具有比其他飞蛾更大的体型，它们的翅膀也比普通的蛾子更加有力。当帝王蛾出生前，它们被裹在严实的蛹中，它必须把翅膀从蛹中硬生生地拽出来。这个过程是痛苦的，如果经受不起它的磨炼，就会遭到优胜劣汰的结果：有的蛾子因为受不了疼痛而停止挣扎，最终将会困死在蛹中；有的蛾子则在不停地往外拽自己的身体，在这个过程中不断地折磨着自己柔软的身体，虽然很痛苦，可是却为它锻炼出了强健的翅膀。经历过这样的逆境之后，它们就具备了上苍赐予的神奇力量，成为蛾中最优秀的品种。

庸人制造逆境，贤才扭转逆境。逆境有时候便是上苍帮助你摆脱庸者的身份而悉心给你安排的。有的人不但不给予感激和接受，反而谩骂命运无情，社会不公，真是十足的愚人。法国画家库尔贝的一生几乎都是在逆境中度过的。然而，他的巨作《浪》却至今依然打动观阅者的心魂。

逆境出人才。在外留学很多人都有这样的经历，他们放弃了国内的安逸生活，独自一人面对国外的种种困难，在那样的逆境中得到了很多的成长。在外留学时，几乎每一个人都有过辛苦打工的经历。他们白天上课，晚上去干活，还要忍受一些本地人的歧视和欺辱。从码头上扛大包的人群中，从餐馆中忙忙碌碌的人群中，从工地上扛水泥的人群中，都时常有他们的身影。有一位朋友回忆国外的那段生活时，说道，历练，国外的每一天都如地狱般历练。那时候，由于语言不通，给生活带来巨大不便。上课也总是听不明白，需要课下花费十倍的精力重新温习。由于肤色不同，总会遭到谩骂和指点。一天赶三份小工，为了稀薄的收入，早上很早就得起来去送报纸。恍惚记得那时候，每天只能睡三个小时。当然，走过了最黑暗的路，现在便是收获的季节。

逆境才是磨炼意志的环境。在温室中如何健康成长，依然是缺乏一些生命的元素。逆境让人的生命更加完整。人的潜力是无限的，很多时候我们在顺境中是不能把它们发挥出来的。这时候逆境就派上了用场，它可以刺激我们的斗志，激发我们的潜力。看中国的历史，多少名留历史的人都是从“苦其心志，劳其筋骨，饿其体肤，空乏其身”走来的，正是这些经历才有了“天将降大任于斯人”的结果。

宝剑锋从磨砺出，梅花香自苦寒来。成功不会来得那么简单，它的前序就是那些令很多人退缩的苦难。真正地理解这些苦难的意义，才能敢于直面惨淡的逆境。

感悟挫折　超越挫折

逆境是上天赐予你的礼物，虽然外表可憎，但是金玉其内，不要拒绝，勇敢地接受它吧！

经受命运的暴风骤雨洗礼

有人曾问一位著名的艺术家，师从他习画的那个青年爱徒将来会不会成为一个大画家？他回答说：“不，永远不！他每年都有不菲的进款。”这位艺术家知道，人的才艺只能从艰苦奋斗中锻炼出来，而在优越的环境中，这种精神很难发达。

翻开历史就可以知道，大多数成功的人，早年往往是贫苦的孩子。

“不幸而生为富家之子的人，他们的不幸，是因为他们从开始就背负着包袱而赛跑的。”卡耐基说，“大多数的富家之子，总是不能抵抗财富所加于他们的试探，因而陷入不幸的生命中。这些人不是那些穷苦的孩子的敌手；对于这些小老板，你们‘穷苦的孩子’无须害怕。但你们应当注意那些比你们还苦得多，甚至他们的父母不能给予他们以任何学校教育的孩子，一旦他们在事业上挑战你们，就有可能最终超越你们。应该注意着那些走出小学就得投身工作，而所做的又只是拖擦地板之类的工作的孩子，一鸣惊人而得到最后胜利的，往往都是这类人。”

为了脱离贫困的境地而奋斗，这种努力，最能造就人才。假使世人都是一生之中不为需要而强迫着去做工，人类文明恐怕直到现在仍处在很幼稚的阶段。

成功的人，大多是从困境与挫折的学校中训练出来的。大商人、大学校长、教授、发明家、科学家、实业家、政治家、大多是为需要之鞭棍所驱策而向前，为想要改善自己地位的愿望而导引向上。

能力是抗拒困难的结果，伟人都是从同困难的角斗中产生出来的。不愿同艰难挫折拼搏而要想锻炼出能耐来，是不可能的。

一个感觉到自我生活良好的幸运青年，将会对他自己这样说："我拥有的金钱已够我这一世的受用了，我又何必要清早起来勤劳工作呢？"于是一个翻身他又呼呼地睡着了。而就在这个时候，另一个青年，一个除了他自己，在茫茫的世界中无可依赖的青年，会因需要的驱策而被迫离开床铺，从事劳动。他明白，除了奋斗以外，他别无出路，他不能依赖任何人，没有人能帮助他。他知道这是他生死存亡的问题。

因此，一个生长于奢侈之中的青年，时常依附于他人而无须用自己的努力挣饭吃的青年，自小被溺爱惯的青年，是罕见具有大本领的。富家子弟与他人相比，往往会像林中的一棵弱树苗同一棵每一寸树干的长大，都要饱受暴风骤雨吹打的高大的松树相比一样。

感悟挫折　超越挫折

从贫困中挣脱出来——假使能诚实地良好地做到——是可以锻炼与造就伟人的。

以失败为师，更以失败者为师

在我们的个人成长过程中，许多伟人和成功者的事迹不断地鞭策和鼓舞着我们。因此，我们学会了把成功者的成就作为自己的奋斗目标，有些人还遵循成功者的模式，以此构筑自己的未来。

当然，发挥成功者的楷模和示范作用，这种做法并没什么不好，因为人们总是需要看到成功的“希望”，并以此作为学习的榜样，鼓舞自己。但如果一切向“成功者”看齐，就可能使有些人堕入一种幻觉当中，他们认为自己也可以成功，而一旦自己难以获得成功时，就感到命运对自己不公，并责问：“为什么他们可以成功，而我就不能成功呢？”其实，一个人的成功是多种因素的组合，不可能一蹴而就。另外，某一位成功者的成功模式并不一定适合每一个人，因为每个人的个性、主客观条件不同。所以，以成功者为师应该有其选择性，你不可能学习每一位成功者，也并非所有成功者的经验都适合你去学。你可以学习某人成功的某一方面，但不必全部照搬。

有一位企业家，从创业开始，他就仔细观察同行以及其他行业的失败案例，并分析其原因，不断地从别人的失败中吸取教训，因此他不但创业顺利，而且发展得迅速稳定。他认为，一个企业的“存在”比“壮大”更重要，首先要“存在”，才可能“壮大”。如果仅仅为了“壮大”而推动“存在”，那就失去了创办企业的目的。

细想一下，这位企业家的想法不无道理，这也是人们经常所说的一种逆向思维。任何失败都有其原因，不管是主观因素还是客观因素。所以，从失败中总结经验和教训，与总结成功的要素是等价的。不过，要了解失败者的失败原因不太容易，因为失败者往往不愿意谈论自己失败的过去，这样会暴露自己的无能。如果你找到失败者本人谈，他大概也不会告诉你真相，他只会告诉你，他的失败是因为经济不景气、朋友拖累、银行紧缩，或是被出卖、被骗、被倒账……属于他个人的能力、判断、个性上的问题，他是不会告诉你的。何况有些失败者根本不知道他失败的原因！因此，要了解失败的原因，你得多方收集资料，参考专家的分析、同行的看法，至于这位失败者的个人条件，可从他的朋友那里多加了解。

当资料收集够了以后，再把它们一条条列出来，仔细分析，并归纳成几个重点。不过并不是了解就算了，必须把你所观察、分析到的拿来检验自己，和失败者的一切做个对照。如果你的个性、能力和其他主客观因素和那位失败者具有相似之处，那就要提高警觉，弱的地方要加强，不好的地方要加以改善，这样你就可以避免犯那些失败者同样的错误，成功的概率自然大大提高！

除了办企业以外，一般做人做事也应以失败者为师。

在做人方面，看看谁和谁处不好，谁不受欢迎，参考他们的个性，观察他们平日的来往和作为，你就可以知道他们做人失败的原因在哪里。

在做事方面，“失败者”的例子更多。这里所谓的“失败”包括做得不尽完善的事，从这些失败的事务中，你都会有不错的收获！

做事的过程中，犯的错误少，成功的概率就提高。而要减少错误，就是“以失败者为师”，这种教训可不是用钱买得到的。

感悟挫折　超越挫折

与其时时“以成功者为师”，不如看看那些失败者，研究一些失败的案例，仔细探究失败的原因，并以此作为自己的警示，避免重蹈覆辙。

在挫折这所大学中锤炼

生活中有太多的磨难，也许你此刻正在抱怨上帝对他人的偏爱，命运对自己的不公，那么下面这个故事将让你停止一切无谓的抱怨，至少可以让你不再怨天尤人。

1864 年 9 月 3 日这天，突然爆发的一连串震耳欲聋的巨响打破了斯德哥尔摩市郊的宁静。滚滚的浓烟霎时间冲上天空，一股股火苗直往上蹿。当惊恐的人们赶到出事现场时，只见原来屹立在这里的一座工厂已荡然无存，无情的大火吞没了一切。火场旁边，站着一位 30 多岁的年轻人，突如其来的惨祸和过度的刺激已使他面无血色，浑身不住地颤抖着——这个大难不死的青年就是后来流芳百世的大化学家诺贝尔。

诺贝尔眼睁睁地看着自己所创建的硝化甘油炸药的实验工厂化为灰烬。人们从瓦砾中找出了 5 具尸体，其中一个是他正在大学读书的活泼可爱的小弟弟，另外 4 人也是和他朝夕相处的亲密的助手。烧得焦烂的 5 具尸体，令人惨不忍睹。

诺贝尔的母亲得知小儿子惨死的噩耗，悲恸欲绝；年老的父亲因受刺激过大引起脑溢血，从此半身瘫痪。然而，诺贝尔在失败和巨大的痛苦面前却没有动摇。惨案发生后，警察立即封锁了出事现场，并严禁诺贝尔恢复自己的工厂。人们像躲避瘟神一样避开他，再也没有人愿意出租土地让他进行如此危险的实验。

这一连串挫折并没有使诺贝尔退缩。几天以后，人们发现，在远离市区的马拉伦湖上出现了一只巨大的平底驳船。驳船上并没有什么货物，而是摆满了各种设备，一个青年正全神贯注地进行一项神秘的试验。他就是在大爆炸后被当地居民赶走了的诺贝尔！

经过多次试验，诺贝尔发明了雷管，接着他又在德国的汉堡等地建立了炸药公司。一时间，诺贝尔生产的炸药成了抢手货，源源不断的订货单从世界各地纷至沓来，诺贝尔的财富与日俱增。

面对接踵而至的灾难和困境，诺贝尔没有被吓倒，没有被压垮，在奋斗的路上，他已习惯了与死神朝夕相伴。他以挫折为友，以失败为师，不断总结经验教训，最终把挫折和失败踩在了自己的脚下，用自己最后的成功证明了自己坚忍不拔的意志和勇气，实现了自己的梦想。

把挫折当作一所学校，把逆境看成是最好的营养品，敢于为自己冒一次险，结果可能就是你抓住了机遇，营造了生命的又一个春天。

感悟挫折　超越挫折

我们无法决定今天将要发生什么，但是我们可以选择用什么样的态度去面对。勇于接受挫折的打击，经受挫折的洗礼，这样命运之神就会光顾你。

上好苦难这一人生大课

阿拉伯有一位著名的驯马师，他驯出来的马甚至被称为神马。每天早上，驯马师会指挥着一群马绕圈子跑，这其中有雄健的大马，也有很小的幼马，驯马师的助手，则一边呵斥着马，一边抓着马鞍左右跳跃，看起来活像马戏团的特技表演。到了中午，沙漠的太阳正毒，驯马师却和他的助手骑马向沙漠深处奔去。下午4点，当他们返回时，人们才发现他们每人手上都拿着一把弯刀，仿佛出征归来的样子。有人问驯马师："你为什么要叫许多马绕圈子呢？"驯马师说："因为我教那些小马，跟在大马身后，学习听口令和顺服，没有大马的带领，小马是很难教的。如果我是老师，大马就是家长，我在学校教导，父母在家中带领，任何一方都不能少。""那你的助手为什么要抓着马鞍左右跳跃呢？""那是教马学会均衡，维持稳定。至于中午的时候骑马出去，"驯马师接着说，"是因为中午天气最为炎热，让马在一望无际、其热如焚的沙漠里奔跑，这是一种磨炼，经得起的才能成为千里马。而弯刀，是我们故意舞给马看的，用刀光闪烁刺激马的眼睛，发出强烈的音响，经历这种场面，还能镇定自若的，才能成为最好的战马。"

人也是这样，经过苦难的洗礼之后，有人会成长很多，即使以后再经历什么磨难也会很好地处理。

家住辽宁省大石桥市博洛铺镇詹屯村的女孩王洋，家境贫寒。

父亲王兆仁为了弄烧柴，爬上村边的大杨树，不小心从6米多高的树上摔了下来，后背磕在地上的一根粗树枝上，失去了知觉，直到被村里人发现送往医院。医生说，父亲脊椎错位，需要赶紧做手术，否则下肢会瘫痪。妈妈何丽华从小患小儿麻痹症，勉强能够自理简单的生活，如今，家里唯一的支柱又倒下了。住院第7天时，王兆仁坚持要回家。

王兆仁的腿始终没有知觉，可是会突然抽筋，抽起来一直疼到胸口，全身扭曲成一团。王洋常给父亲按摩双腿，帮父亲减轻痛苦。女儿的懂事让王兆仁心里很不是滋味。最让他感到不是滋味的是女儿给他洗肠。摔伤后，他大小便完全失禁，在医院每洗一次肠要二三十元。为此，他每天少吃饭，少喝水，尽量减少排泄。即使这样，时间一长，他的肚子还是会膨胀起来。女儿看了难受，偷偷看大夫怎样洗肠，此后，承担起了为父亲洗肠的工作。

自从父亲遭遇不幸后，王洋就没上学，一直在家照顾父亲。老师们通过电视台向社会呼吁来帮助这个不幸的家庭，在老师们的劝说下她再次回到了校园。医生们给他的父亲进行了有效的治疗。

王洋用自己单薄的身躯为父母撑起了一片天。3年里，王洋饲养的肥猪共出栏两批，果树年年结果，玉米没有减产，大鹅也下了蛋，有近万元的收入。虽然不够还清债务，但一家人已经看到了希望。她的学习成绩也始终排在全班前5名。

年纪小小的王洋在苦难面前没有低头，苦难让她比同龄人多了一份成熟，她不会向父母索要什么漂亮的衣服，自己想得更多的是怎样才能让爸爸早点好起来，怎样才能让这个家撑下去。经过好心人的帮助，经过王洋无微不至的照顾，她的父亲后来已经能够下地走路了。王洋很高兴，在自己家的门上写下了“幸福之家”四个字。

突降的苦难，让王洋比同龄的孩子更懂事、更成熟，在某种意义上来说，是苦难让她变得成熟。

苦难是最好的老师，它让一个人从弱小变得强大，从脆弱变得坚强。一个从苦难中走出来的人更能够体会生活的不易，更懂得珍惜生活的美好。

感悟挫折　超越挫折

经过暴风雨洗礼的人才能够更深地体会到彩虹的美丽；只有在经过打击之后，心才会变得坚强。不经一番寒彻骨，怎得梅花扑鼻香？温室里的花朵是经不起暴风雨的洗礼的，只有经受了恶劣环境考验的人才能有更强的生命力。

第七章

感谢挫折的折磨和馈赠

面对挫折，不要抱怨，不要悲伤，而要学会感恩。正是一次又一次的挫折，让我们一次又一次地蜕变、成长，让我们能够清醒地认识自己，努力地做一个更优秀的自己、更成熟的自己。

拥有一颗感恩心，你就能够以闲看云卷云舒的淡定心境和大海般宽广的胸怀接纳一切挫折和苦难，接受生活阳光的照耀，最终走出挫折的阴影，欣赏命运的壮丽、神奇。

感谢每一次挫折

曾经有这样一段话："感激伤害你的人，因为他磨炼了你的心志；感激绊倒你的人，因为他强化了你的双腿；感激欺骗你的人，因为他增进了你的智慧；感激蔑视你的人，因为他醒觉了你的自尊；感激遗弃你的人，因为他教会了你该独立。凡事感激，学会感激。感激一切使你成长的人。感激失败，因为它使我成为了一个有故事的人；感激成功，因为它使我生命铺满精彩，写满美丽；感激掌声和鼓励，因为它给我更大的能量和勇气！同时，也感激批评和挑战，因为它警醒我自知、自明。凡事感激——感激一切造就了我的人！"

一个障碍，就是一个新的已知条件；一次挫折，就是一个新的起点。只要愿意，任何一个障碍，一次挫折，都会成为一个超越自我的契机。

有一天，素有森林之王之称的狮子，来到了天神面前："我很感谢你赐给我如此雄壮威武的体格、如此强大无比的力气，让我有足够的能力统治这整座森林。"

天神听了，微笑地问："但是这不是你今天来找我的目的吧！看起来你似乎为了某事而困扰呢！"

狮子轻轻吼了一声，说："天神真是了解我啊！我今天来的确是有事相求。因为尽管我的能力再好，但是每天鸡鸣的时候，我总是会被鸡鸣声给吓醒。神啊！祈求您，再赐给我一个力量，让我不再被鸡鸣声给吓醒吧！”

天神笑道：“你去找大象吧，它会给你一个满意的答复的。”

狮子兴匆匆地跑到湖边找大象，还没见到大象，就听到大象跺脚所发出的“砰砰”响声。

狮子加速地跑向大象，却看到大象正气呼呼地直跺脚。

狮子问大象：“你干吗发这么大的脾气？”

大象拼命摇晃着大耳朵，吼着：“有只讨厌的小蚊子，总想钻进我的耳朵里，害我都快痒死了。”

狮子离开了大象，心里暗自想着：原来体型这么巨大的大象，还会怕那么瘦小的蚊子，那我还有什么好抱怨呢？毕竟鸡鸣也不过一天一次，而蚊子却是无时无刻地骚扰着大象。这样想来，我可比他幸运多了。

狮子一边走，一边回头看着仍在跺脚的大象，心想：天神要我来看看大象的情况，应该就是想告诉我，谁都会遇上麻烦事，而他并无法帮助所有人。既然如此，那我只好靠自己了！反正以后只要鸡鸣时，我就当作鸡是在提醒我该起床了，如此一想，鸡鸣声对我还算是有益处呢？

在人生的路上，无论我们走得多么顺利，但只要稍微遇上一些不顺的事，就会习惯性地抱怨老天亏待我们，进而祈求老天赐给我们更多的力量，帮助我们渡过难关。但实际上，老天是最公平的，就像它对狮子和大象一样，每个困境都有其存在的正面价值。

既然失败是不可避免的，我们还不如用一颗感恩的心坦然接受每一次失败，每一个逆境。

感悟挫折　超越挫折

感谢挫折与失败，若不是它们，我或许会被一切成功的喜悦冲昏了头脑而不思进取，我也或许会永远地忽视了爱的伟大，令人生的太阳被遮挡在密布的阴云之后。

感恩逆境，接纳苦难

每个人都可能遭受情场失意、官场失位、商场失利等方面的打击；每个人都会经受委屈时的苦闷、挫折时的悲观、选择时的彷徨，这就是人生。如何承受打击，如何面对失败，是你人生的最大挑战。那些做出惊天业绩的人，往往都是历尽坎坷而感恩命运并在感恩中提升自我、寻求突破的人。

对一个乐观向上的人来说，遇到绝境，正是自我升华的最好时机。

对一个豁达从容的人来说，面对指责，正是了解自我、评价自我的最佳参照，有则改之，无则加勉，从而不断地走向成熟。

对一个热情积极的人来说，遭遇失败，正是获得宝贵经验的一次经历。总结经验教训，勇敢地挥手告别昨天，告别失败。面朝太阳，心中始终充满阳光。把目光投向远方，努力创造新未来。

对一个镇定自若的人来说，后悔和泪水无益，因为既定的事实不可能更改。没有理由徘徊，只能用加倍的努力，去填补人生的空白。

为此，你需要一种动力，一种推助力，这种力量也许让你很痛苦，但只要它出现，你就会努力地奋斗。这种力量就是来自你受到逆境折磨的力量。因为真正促使你成功的，真正激励你昂首向前的，不是顺境和优越，而是那些失败、挫折、困惑以及应对变化的本领。

在坎坷中感恩，心就会豁然开朗；在不幸中感恩，就会发现万幸；在顺境中感恩，就会加速我们的步伐。心存感激，就会少一些烦恼，少一些牢骚，少一些抱怨，心胸就会变得宽阔，心情就会变得舒畅，进而生活也会变得美好。

感悟挫折　超越挫折

感恩是一种坦然面对世事风雨、接纳生活苦难、善对芸芸众生的大胸怀。对人生中的每一次成功要心存感激，对命运中的每一次挫折要心存感激。

拥有感谢挫折的豁达胸襟

人生活在这个世界上，不可能处处一帆风顺，种种失意和无奈都需要我们勇敢地去面对。当我们在人生旅途中遇到风雨甚至不幸的时候，如果有一颗感恩的心，我们就会对所遇的一切都抱有一种感激的态度，这样的态度将会使我们消除怨气，鼓起前进的勇气。

美国前总统罗斯福一次家中失窃，被偷去了很多东西，一位朋友知道后立即写信安慰他，劝他不要太在意。罗斯福给朋友写了一封回信说：“亲爱的朋友，谢谢你来信安慰我，我现在很平安。感谢上帝：因为第一，贼偷去的是我的东西，而没有伤害到我的生命；第二，贼只偷去我部分东西，不是我的全部；第三，最值得庆幸的是，做贼的是他，而不是我。”对任何人来说，失窃绝对是不幸的事，而罗斯福却讲出了三条感恩的理由，这不能不让我们受到启迪。

相传，古印度有位英勇无敌的王子，某次征战获得重大胜利。在盛大的庆功宴上，王子谦逊地举起酒杯，向前辈，大臣，在座的将士以及黎民百姓，一一表示感谢，甚至连为他牵马的仆人也没有忘记，这使得大家深受感动。此时，坐在他旁边的老国王提醒他：“我的孩子，还有一个重要的人，你还没有向他致谢呢。”王子怔了半天，也想不出，只好向父王请教。老国王郑重地说：“你的敌人。”

如果我们不懂得感恩，只知一味怨天尤人，最终可能一无所有！成功时，感恩的理由固然能找到许多；失败时，不感恩的借口却只需一个。殊不知，失败或不幸时更应该感恩生活。

感恩是一种感谢挫折的豁达，是一种内心善良的表现。不管你生活在什么地方，或是你的生活经历多么与众不同，只要你的胸中常常有一颗感恩的心，就会给自己的生活增添美好的色彩。

感悟挫折　超越挫折

感恩，是一种观察问题的视角。我们懂得感恩地生活，生活将会赐予我们灿烂的阳光。

感谢命运赋予的幸与不幸

感恩是心灵成长的需求。如果一个人紧锁心门，外界的一丝阳光都照不进去，那么，天长日久，他的心灵就会萎缩，就会更加孤寂。感恩会让我们的心灵充满温暖，让我们的内心变得成熟和坚强，从而日渐锻造出一颗坚强的灵魂。

世界给予我们的实在太多，而我们回报给世界的，却少之又少。我们都对世界欠了一笔巨大的心债，然而我们却利用了世界的慷慨，至今仍继续索取而拒绝偿还。为此，难道我们不应感觉到于心不安或心怀内疚吗？

感恩不只是一种对于命运和挫折馈赠的欣喜，也不只是一种对于这一馈赠所给予的言辞的回馈；感恩是用我们赤子般纯洁无瑕的心，去领受那付出背后的艰辛、期冀、温情。感恩是茫茫天地间宇宙大爱的传承，是宇宙中生命与生命相联系的见证。

感恩是一种对生命恩赐的领略，感恩是一种生活的智慧。感恩是一种生活态度，一种善于发现美并欣赏美的情趣。人生在世，不如意事十之八九。如果我们囿于这种不如意之中，终日惴惴不安，那生活就会索然无趣。感恩是一种人生境界。感恩是对现在拥有的在意，感恩是对有限生命的珍惜。

拥有感恩之心是我们迈向成功殿堂的重要一步。感恩是感激对手的胸襟，感恩的心让我们谦卑；感恩是感激挫折和失败的气度，感恩的心让我们成熟；感恩是感激命运和苦难的理性，感恩的心让我们坚强。

我们在遭遇挫折和失败时，总是会抱怨命运的不公，却看不到那么多命运的恩赐。在命运面前，也许没有人有怨天尤人的资格，因为命运赐予了我们每个人成功的潜能，就看你愿不愿去努力发掘。

感谢命运，感谢命运赋予我们幸与不幸，因为只要我们乐观地面对，勇敢地生活，幸与不幸都是财富，经历之后，欢乐悲伤都将成为美丽的回忆。

感悟挫折　超越挫折

用一束感恩的阳光来填充心里某个充满阴霾的角落，让黑暗转为光明，让萧瑟的寒风化成春天的太阳。拥有感恩之心，你就会生活得更好。

感恩让所有人都快乐

在水中放进一块小小的明矾，就能沉淀所有的渣滓；如果在我们的心中培植一种感恩的思想，则可以沉淀许多的浮躁、不安，消融许多的不满与不幸。

伟大的科学家霍金，只有 3 根能微弱活动的手指和一双不会说话的眼睛，他凭着坚强的意志做出了惊人的成就。然而，想想看，如果没有计算机，他怎么去表达他的思想，还能将他的智慧发挥出来吗？没有发达的医学，他仅仅能轻微活动的 3 根手指如何总能动弹？没有强大的经济支持，他微弱的 3 根手指又如何能产生伟大的学问？成功的喜悦，胜利的光环，常常会令人忘乎所以，但是我们永远不应该忘记那些帮助过自己的人和事。所幸，霍金不愧是一位伟人，他在回答完记者关于自己何以能够成功的提问后，又艰难地打出了一句话："对了，我还有一颗感恩的心！"

心存感激，带着感恩的心去工作，无形中会增强你个人的魅力，可以顺利地开启神奇的力量之门，发掘自身无穷的潜能。感恩能让我们享受身心的巨大愉悦，让我们的生活、工作向尽善尽美的方向前进。

一颗感恩之心，可以使我们在失败时看到差距，在不幸时得到慰藉、获得温暖，激发我们挑战困难的勇气，进而获取前进的动力。

换一种角度去看待人生的失意与不幸，对生活时时怀有一份感恩的心情，则能使自己永远保持健康的心态、完美的人格和进取的信念。

人生道路，曲折坎坷，不知有多少艰难险阻，甚至遭遇挫折和失败。你最终战胜了苦难，扬帆远航，驶向光明幸福的彼岸。那么，你能不心存感激吗？你能不思回报吗？

感恩不纯粹是一种心理安慰，也不是对现实的逃避，它是一种歌唱生活的方式，来自对生活的热爱与希望。它是一种处世哲学，更是一种人生智慧，试着用感恩之心来装点你的美丽人生吧。

感悟挫折　超越挫折

懂得感恩的人，才是一个有完整个性的人，才会是一个快乐的人，也一定会是一个成功的人。顺境的感恩是美德，逆境的感恩更加能让你得到如溪水般长流的爱。

感恩人生，精彩不停

史蒂文斯失业时，已经不是一个年轻的小伙子了。那是他在一家软件公司工作了八年之后的一天，这家公司突然倒闭，他这个老资格的程序员一下子被挤入了失业大军的行列，一切来得那么猝不及防，让他一点准备也没有。

史蒂文斯是一个心态沉稳、工作认真的男人，他一直以为能在这家公司做到退休，然后拿着丰厚的退休金颐养天年。那时的他，有一个温馨的家庭，他的第三个儿子刚刚降生，他感谢上帝的恩赐，同时意识到，作为丈夫和父亲，自己存在的最大意义，就是让妻子和孩子们过得更好。而实际上，他也做到了，因为他工作很勤奋，收入很可观。可是，他失业以后，生活变得乱糟糟的。他每天必做的事情就是投简历，然后等面试电话。一个月过去了，他没找到工作。他心急如焚，甚至想到干点别的什么来维持家庭的正常开销，可是，他这个专业程序员，除了编程，一无所长，其他方面，他没有任何竞争力。

他在沮丧中度过了一天又一天，终于等来了一个机会。他在报上看到一家软件公司要招聘程序员，待遇不错，他算了算，如果被录取，工资收入足够养活他的妻儿。他真的等不及了，没有发简历，没有打电话咨询，就直接揣着资料，满怀希望地赶到那家公司。那里应聘的人超乎想象，很明显，竞争异常激烈。经过简单的交谈，公司通知他一个星期后参加笔试，这让他兴奋不已。

在后来的笔试中，史蒂文斯凭着过硬的专业知识，轻松过关，公司又通知他两天后接受面试。他对面试满怀信心，他相信自己八年的工作经验让一般年轻小伙子望尘莫及，坚信面试不会有太大的问题。然而，考官的问题是关于软件业未来的发展方向，这些问题，他从未认真思考过，所以回答起来很吃力，让面试官很失望。

史蒂文斯知道自己没有希望去那家公司上班了，可是他对那家公司真的很仰慕。这家公司对软件业发展方向的分析令史蒂文斯耳目一新，虽然应聘失败，可他感觉收获不小，觉得有必要给公司写封信，以表感谢之情。于是，他提笔写了一封与众不同的感谢信：

“尊敬的各位面试老师：你们好！贵公司花费人力、物力，为我提供了笔试、面试的机会。我虽然没有应聘上，但是这次应聘经历给了我一个重新认识自己的机会，让我大开眼界，真的是受益匪浅。非常感谢！”

在这封信里，落聘的人没有表现出任何不满的情绪，还给公司写来感谢信，真是闻所未闻。这封信在这家公司的领导层中传来传去。最后，这封信被送到总裁的办公室。总裁看了感谢信后，什么话也没有说，便把它锁进了自己的抽屉里。

几个月过去了，等到新年来临时，史蒂文斯收到一张精美的新年贺卡，这张贺卡是他上次应聘的公司寄来的，上面写着：“尊敬的史蒂文斯先生，如果您愿意的话，请加入到我们当中，和我们共度新年。”原来，这家公司在新年来临之际，又有了招聘新人的计划，他们首先想到的是史蒂文斯。这家公司就是如今闻名世界的美国微软公司。在这家公司，史蒂文斯凭着出色的业绩，一直做到了集团副总裁的位置。

不要因为生活太过艰辛、工作太过劳碌，而丢弃那颗感恩的心！在这个世界上，我们要感恩的事也很多。

感恩人生，精彩不停！

感悟挫折　超越挫折

在漫长的人生旅途中，难免有崎岖与坎坷——挫折，它会使人悲观消沉，丧失信心，但是，如果把挫折作为一种动力与警戒，那我们一定能克服困难，越过坎坷，取得成功。因此，我们每一个人都应该感谢挫折。

感谢曾经的挫折和错误

某著名大公司要招聘一位职业经理人，因待遇优厚所以前来应聘的人特别多，那些手拿高学历、多证书的应聘者很多，有相关工作经验的人也不在少数，这预示着公司招聘的过程，将会激烈和精彩。

经过初试、笔试等前四轮的淘汰后，只剩下了 6 名优胜者，但是公司只招收 1 人，所以，第五轮由老板亲自进行面试，由他来决定哪一个人有资格进入公司，接下来的角逐将会更加残酷。

面试的日期到了，在主考官面前却出现了 7 名面试者。主考官看到这种情况，就面向 7 名考生问道："今天来面试的人应该是 6 名，你们中间谁不是被通知来参加面试的？"话音刚落，坐在最后面的一个男子站了起来，他从容不迫地说："报告，那个人是我。我在第一轮就被淘汰掉了，但是，我想参加最后的面试，所以就来了。"

招聘者与另外来应聘的 6 名人员听他如此讲，都笑了起来，就连站在门口为主考官倒水的那个不起眼的老头子，也忍俊不禁。主考官看着那个不请自来的人，不以为然地问道："你连考试的第一关都没有通过，现在过来又有什么必要呢？"这位男子自信地答道："因为我不但掌握了别人没有的财富，并且我自己本人也是一大财富。"大家又一次哈哈大笑，认为面前这个人，要么狂妄自大，要么头脑有问题。

这个男子不理会那些人的嘲笑，接着说道："我虽然没有太高的学历，仅是一个本科毕业生，也只有一个中级的职称，但我却有着 10 年的工作经验，在这 10 年时间里，我曾在 12 家公司任过职……"这个男子还要继续说下去，这时主考官马上插话说："你的学历和职称都不高，这还不算是什么大问题，工作 10 年的经验应该收获不小；但是你在 10 年的时间内，先后跳槽到 12 家公司去工作，这可不是一种令企业欣赏的行为。"

"您误会了，我没有跳过一次槽，是那 12 家公司由于经营不善先后倒闭了。”男子接过主考官的话说。话音刚落，所有在场的人们又都大笑起来。旁边的一个考生对那个男子说：“你曾就职 12 家企业，都先后倒闭了，你真算得上是一个地地道道的失败者了。”

这个男子听后也笑了，他说：“不，你弄错了，是那些公司的失败，而不是我个人的失败，因为在挽救那些公司的过程中，正是公司的那些失败积累成了我自己的财富。”

这时候，一直站在门口的那个老头走了进来，他上前给主考官倒了一杯茶。这个男子继续不紧不慢地说道：“我很了解这 12 家公司，在每一个公司面临倒闭时，我都曾与同事们想尽办法去挽救；虽然最后没能成功，但我知道了公司之所以倒闭的原因，了解到了公司存在的错误及失败的每一个细节。不仅如此，我还从这些失败中学到了许多东西，这是其他人在没有倒闭过的公司无法学到的；就是在倒闭公司待过，如果不用心的话也得不到那些经验。大多数人只是追求成功的经验，但成功的经验大抵相似，容易模仿，所以没有什么实用价值；但是失败的原因各有不同，我又从那些不同的失败中吸取了很多知识，有能力和经验避免错误与失败，这才是最重要的财富。”

男子说到这里，停顿了一会儿，他看了看那个倒水的老头接着说：“如果一个人用 10 年的时间去学习成功的经验，那样他几乎是一无所得，但如果用同样的时间去经历错误与失败，这样收获就很大，所学的东西不但多，而且更加深刻。因为我们大家都知道，别人的成功经历很难成为我们的财富，但别人的失败过程，却能使我们引以为戒，给我们以警示，使我们的事业少走弯路，因而能成为自己的一笔财富。”

边上的人都听着男子说话，旁边的老头也没有出去，看样子好像比别人更加用心地听着。这名男子嘴里说着，身子开始离开了座位，他作出转身要出门的样子，但又忽然把头转了回来继续说：“这10年经历的12家公司，时间虽然有些长，但是很值得。因为它不仅使我得到了经验，同时也培养并锻炼了我对人事和未来的敏锐洞察力。”他看着主考官继续说道，“举个小的例子吧——今天真正的考官，不是您。”他把头转向了那个倒水的老头说，“而是这位倒茶的老人……”

这一下，在场的所有人都惊愣住了，特别是那前来应聘的6名人员，不约而同地把目光转向倒茶的那位老头。那个老头听过男子的话也有稍微惊诧，但他很快又恢复了镇静，笑着对男子说道：“很好。你所说的一切话我都听到了，没有问题，经理就是你了。但我很想知道——我的演技哪儿没有过关，你是如何知道我是真正的主考官的呢？”

老头说的话，表明自己确实就是这家大公司的老板。这时第一轮就被淘汰下的男子笑着回答说：“只是观察。”这个考生在与假主考官答话时，还能眼观六路，耳听八方，仅用眼的余光就能从倒茶水老头的眼神、举止中看出他是企业的老板，这说明他是一个洞察力十分强的人，这也是一个人必不可少的能力。这种功夫看似简单，实则不易，它不是一朝一夕就能够练出来的，而是需要注重生活中的每一个细节，长期进行观察，不断地训练和提高，最后积累而成的。

日本三泽屋的三泽千代治社长曾经说过：“我更信任那些有失败经验的人，一次都不失败的人，我从来不敢委以重任。”我们身上的种种毛病其实就像这些失败一样，往往是映射成功的镜子。愚蠢的人面对毛病就像面对失败一样，就只知道骂它们为毛病，怪它们是失败；只有聪明智慧的人把毛病和失败看成通往成功的必经之路，并对失败真诚感恩。

感悟挫折　超越挫折

挫折和错误能够丰富我们的阅历，增长我们的见识，让我们在以后的人生之路上少走弯路，从而走得更稳重，更坚定，更快速。感恩挫折和失败，你就会生活得更好。

向生命中的一切苦难感恩

苦难是成功途中的考验，懦弱的人必然在苦难之下被淘汰，只有胸怀坚定、意志坚强的人才会走自己的路。

有的人受到了打击后，得到的是更大的打击；有的人受到了打击后，得到的是预防打击的智慧。人不能在同一块石头上绊倒两次。一个人要是学会了从苦难中开发智慧的技术，那么，这个人必将双倍地成长，必将出人头地。失败者总从鄙视中开采出仇恨；失败者总从打击中开采出报复。这就是区别，这就是优秀人士与平庸者的区别。

顺境造就幸运儿，而逆境造就伟人。成功证明了一个人的幸运，挫折能证明一个人的伟大。逆境也许不能使人变得富有，但可以使人变得聪明。

上天给人一份困难时，同时也添人一份智力。

出类拔萃的人，都是通过痛苦而得到快乐。苦难对于天才是一块垫脚石；苦难对于能干的人是一笔财富；苦难对弱者是万丈深渊。

苦难不可避免，我们要学会接纳苦难。苦难催人成熟，我们要学会感恩苦难。感激困难，因为是它让我们开动了大脑；感激冷漠，因为是它让我们知道热情的重要。别人给我们带来冬天，我们应该做的就是还人一个春天。

感恩生命中的苦难，你会发现，天气越来越暖，我们的心越来越年轻，身边的朋友越来越多，工作越来越顺利，生活越来越美好，幸福也越来越多。

从今天开始，学会感恩，感谢生命中的每一个有缘人，感谢人生中经历的每一件事。

当别人给我冷时，我要回之以热；当别人给我苦时，我要回之以甜；当别人给我硬时，我要回之以软；当别人给我假时，我要回之以真；当别人给我恶时，我要回之以善；当别人给我丑时，我要回之以美；当别人给我消极时，我要回之以主动；当别人给我以丢脸时，我要回之以尊严；在任何不利的地方，开采出阳光；在一切苦难中，发现闪光点！

感谢伤害过我的人，因为他磨炼了我的心志；

感谢绊倒我的人，因为他强化了我的双腿；

感谢欺骗我的人，因为他增进了我的敏感度；

感谢蔑视我的人，因为他唤起了我的斗志；

感谢抛弃我的人，因为他教会了我独立；

感谢中伤我的人，因为他砥砺了我的人格；

感谢斥责我的人，因为他提醒了我的缺点；

感谢丑陋，因为它让我懂得了什么是美；

感谢自卑，因为它让我懂得了什么是自强；

感谢懒惰，因为它让我懂得了勤劳；

感谢失败，因为它让我懂得了站起；

感谢打击，因为它让我懂得了应战；

感谢仇恨，因为它让我懂得了宽容；

感谢误会，因为它让我懂得了沟通；

感谢偏执，因为它让我懂得了理解；

感谢混乱，因为它让我懂得了计划；

感谢瞎撞，因为它让我懂得了目标；

感谢自私，因为它让我懂得了付出！

感悟挫折　超越挫折

对生命中的一切苦难感恩，是它们警醒了我们自知、自明和自制，让我们拥有淡定、淡泊、淡然，让我们走向成熟、豁达、强大。

修炼一颗感恩的心

一个人的成长是一个增长才智的过程，更是一个涤除心灵垃圾的过程。

优点有时也会成为前行的障碍，我们强化了行动力，思考力，同时也打破了我们心灵和心理的平衡。从某种程度上来说，我们已舍本逐末。那么怎样才能重新擦亮心灵之镜呢？禅师神秀说得好："身是菩提树，心如明镜台。时时勤拂拭，勿使惹尘埃！"

勤拂拭就是一种找回自我的有效途径。人的能力都不是与生俱来的，更不是自我成长的。它需要后天的教化。没有能力并不可怕，可怕的是不弥补不足，感恩之心也一样。这世界上没有一种精神是不可以教化的，不过培养感恩之心还得注意几点：

一是要充分认识自己的不足。要认识自己的不足，就要进行自我反省。反省之义在于以自己的心灵之眼去反省自己的言行、思想、习惯、品格、长短、进退，当然更重要的是要反省自己的言行是否一致、目标与效果是否一致。省察自己更多的是找问题，因为，正是各种各样的问题阻碍了我们的进步，让我们的智慧无法充分发挥作用。

没有反思就没有醒悟，没有醒悟就没有改过自新的可能。

二是要学会感恩。感恩本就是宇宙法则，人人都应拥有的一种精神、一种品质。学会感恩就是要知道：认恩、品恩、记恩、报恩和施恩。学会感恩就是要一切从“心”开始。只有一切从“心”开始，才有一切从“新”开始。

感恩需要学习，这是人生的必修课。因为，学会感恩，就是学会不忘恩负义；学会感恩，就是学会谦虚之德；学会感恩，就是学会敬畏之心；学会感恩，就是学会爱多于恨；学会感恩，就是学会懂得自省；学会感恩，就是学会不沉溺于财富和权力……

三是要执行感恩。知道并不等于做到，理解也不等于行动。只有将感恩变成实实在在的行动，感恩才能产生效果，而自己也能从感恩中得到回报。

学会感恩的目的，就是要将感恩落实到我们工作、生活、为人处世的每一个细节中去，就是要让感恩转化为行动，走进我们每天的日常生活，渗入到我们的血脉之中去。要做到这一点，最有效的办法就是要在时刻养成感恩的习惯。一百次一千次才能形成一个习惯，所以，我们要将感恩的行为一次一次，一日一日地坚持下去。只有这样，才算真正懂得了感恩的真谛！

总之，只要活着，我们就应该学会感恩，感恩生活中的幸福和美好，感恩命运中的挫折和苦难。如此，人间便处处充满温情，而人生则时时都会遭遇奇迹！

感悟挫折　超越挫折

感恩并不是与生俱来的天性，它需要通过训练来形成一种习惯。通过自我训练，我们会拥有一双发现感恩的眼睛，会形成一种感恩的心态、品德和责任，进而外化成为感恩的行为习惯。

第八章

在最深的挫折中遇见最美的风景

心情总有起伏的时候，人生总有低潮的时期。人生之路，低潮会时时涌现，重要的不是如何避免低潮的发生，而是懂得如何在低潮中调适自我，寻找前行的方向和出口。

没有比遭遇挫折更令人沮丧的事，而接连不断的挫折更是让人万念俱灰。与其沉溺在挫折的痛苦中，不如抹掉泪水，认真思考受挫的原因。重整旗鼓，坚定前行，才能走出挫折的沼泽地，迎来人生的春天，欣赏到最美丽的风景。

挫折来临，坦然面对

人生之路不总是平坦和宽畅的，挫折和坎坷在所难免。既然挫折不可避免，我们不如坦然地面对、接受它，要告诉自己：任何事物、现象的发生，都有一定的原因，唯有调控情绪，面对它、改善它，才是最直接、最要紧的。

如果不能坦然面对挫折打击，不能接受它，就不能放下它、处理它。而事实上，挫折出现后，我们首先不应发牢骚，而应设法克服之。我们需要的是行动，而不是抱怨。若不能改善，我们也要面对它、接受它，绝不能逃避。逃避责任，挫折依然存在，改善与处理糟糕的局面才是最聪明的。

当然，经过计划的事物也不一定完全可靠，也会发生意外的情况，这时候就更应该接受它，然后想办法处理它。

如果计划好的事在实施的过程中发生问题，不必伤心也不必失望，应该继续努力，争取将损失减到最小，不要轻易放弃希望；如果经过详细的考虑，判断预先的结果不可能达到，那也只好放下它，这和未经努力就放弃是截然不同的。

如果屋漏偏逢连夜雨，倒霉事接二连三，那只有面对它、接受它；能够面对它、接受它，就等于是在处理它；既然已经处理了，也就不必再为它担心，应该放下它了，不要老是想着“我该怎么办？”而是应该睡觉时照样睡觉，吃饭时照样吃饭，该怎么生活就怎么生活。

不论出现什么挫折，也不论挫折有多大，都应坦然面对。人生本就多姿多彩，挫折不过是其中的一些调色剂而已。如果你这么看了，就会感谢上天其实待你不薄。同样是过一辈子，但你却比人家多了许多经历，尤其当这些经历使你体味更多，让你获得常人不会有的感受，甚至是满足的时候。

学会坦然面对挫折是一个人一生中极为重要的功课。因为重要，你可以将你的一生都看成是不停地面对各种各样的挫折。事实上，你要穷尽你的智慧和胆识去面对。学会面对挫折，不懈地努力追寻最终可把你带向你期望的成功，让你的人生闪耀出让你自豪的光彩。

感悟挫折　超越挫折

遇到任何困难、艰辛、不公平的情况，都不要逃避，因为逃避不能解决问题，只有用智慧把责任担负起来，才能真正从困扰你的问题中获得解脱。

培养承受悲惨命运的能力

如何才能培养自己承受悲惨命运的能力呢？你可以学着在自

己的生活中采用以下措施：

1. 下定决心坚持到底

局面越是棘手，越要努力尝试。过早地放弃努力，只会增加你的麻烦。面临严重的挫折，只有坚持下去，加倍努力和加快前进的步伐。下定决心坚持到底，并一直坚持到把事情办成。

2. 不要低估问题的严重性

要客观地估计自己面临的危机，不要低估问题的严重性，否则，去改变局面时，就会感到准备不足。

3. 做出最大的努力

不要畏缩不前，要使出自己全部的力量来，不要担心把精力用尽。成功者总是做出极大的努力，而面对危机时，他们却能做出更大的努力。他们不去考虑什么疲劳啦，筋疲力尽啦。

4. 坚持自己的立场

一旦你下定决心要冲向前去，就要像服从自己的理智一样去服从自己的直觉。顶住家人和朋友的压力，采取你所坚信的观点，坚持自己的立场。是对是错，现在就该相信你自己的判断力和智慧了。

5. 生气是正常的

当不幸的环境把你推入危机之中时，生气是正常的。一方面对你来说重要的是要弄明白自己在造成这种困境中起了什么作用；另一方面，你是有权利为了这些问题花了那么多时间而恼火的。

6. 不要试图一下子解决所有的问题

当经历了一次严重的危机或像亲人去世这样的严重事件之后，在你的情绪完全恢复以前，要满足于每次只迈出一小步。不要企图当个超人，一下子解决所有的问题。要挑一件力所能及的事，就干这么一件。而每一次对成功的体验都会增强你的力量和积极的观念。

7. 让别人安慰你

无论局面好坏，失败者总是一味地抱怨不停。结果当危机真的来临时，人们很少会信以为真和安慰他们，因为人们已经习惯了他们的消极态度，就像那个老喊“狼来了”的孩子一样。但是，如果你是个积极的人，平时能很好地应付自己的生活，那么，在困境中，你可以放心地把自己的懊悔和恐惧告诉别人，给别人以安慰你的机会，你理当得到这种支持；而且对于自己这种请求，你完全可以感到坦然。

8. 坚持尝试

克服危机的方法不是轻易就能找到的。然而，如果你坚持不懈地寻求新的出路，愿意在成功的可能性很低的情况下去尝试，你就能找到出路。要保持自己头脑的清醒，睁大眼睛去寻找那些在危机或困境中可能存在的机会。与其专注于灾难的深重，莫若努力去寻求一线希望和可取的积极之路。即使是在混乱与灾难中，也可能形成独到的见解，它将把你引导到一个值得一试的新的冒险之中。

感悟挫折　超越挫折

人生遇到挫折比得到成功更能磨炼出坚强个性。我们不应只是抱着消极的态度面对人生中的挫折，而应在挫折中历练自己的心性，锤炼自己的意志，培养自己承受悲惨命运的能力。

挫折中做好自我调整

人生难免有挫折和失败，挫折和失败面前，重要的是做好自我调整。下面为你总结出一些面对逆境、应对挫折的自我调整策略。

1. 抱乐观态度

每当遇到挫折时，就跟自己说："这不是最糟糕的。"这算不上什么妙法，但至少能自我安慰一番。

2. 懂自我安慰

另一个极有效的方法是跟自己说："我还活着！就算我的同事、男朋友或丈夫弃我而去，我也不会因此从地球上消失。"

3. 把悲伤发泄

若是伤心便放怀大哭吧。不管是谁，受到伤害难免会痛心。要重获新生，势必经历一段痛苦的过程，可是，这是必然的代价，亦是一个重要教训。

4. 建立起自信

投向另一段感情或开展新工作前，好好重新认识自己、努力重拾自信、重建自尊。不妨细数自己的优点与才能，借此鞭策自己昂首向前，披荆斩棘。

5. 要自强不息

别不断地自我批评。脑海里整日满载这类消极的声音，只会令你意志更消沉。连你自己都不自重自强，别人又怎么会看得起你呢?

6. 勿理会闲言

学习宽恕那些“有眼无珠”的人。他们体会不到你的好只是因为他们对“好”的标准不一样而已。不必为此而怨恨难过。

7. 别乞求怜悯

别妄想摆出一副楚楚可怜相，伤你心的人便会内疚。“你看你把我搞成什么样子，我现在很惨……”你这样哭诉只有使自己更痛苦，更难平复。

8. 怨恨抛脑后

不要把恨意埋藏在心内，应坦然面对怨恨的心情。勇敢面对之后你便会释怀。

9. 学会宽恕自我

把自己与最没指望的那些人相比，你就会活得悠然自得。对自己好一点吧!

10. 要懂得自爱

最重要的还是让自己喜欢自己。有一天，万一有人对你说：“对不起，我要离开你，我爱上了别人……”或是：“你被开除了，我们已找到一个更能干的人代替你……”你也不致会跌得粉身碎骨。相信自己，不要受他人影响，不要以别人的态度或工作的评价来衡量自己——这是最基本的自信。

11. 寻找失败原因

如果你不明白失败的原因，你便会重复又重复地犯错。换言之，你得找出真相，明白为什么一次又一次的失败；为什么仍然执迷不悟，一而再地陷入同一个困局。

12. 多自我检讨

不要刻意“藏拙”，明知是缺点也不改过。要告诉自己有心不怕迟，有缺点就改。

13. 评估新形势

环顾当前形势，评估将来的变化，然后更要知道怎样接受既成事实，最重要的是应该实事求是。这样的话，一切已在你掌握之中，有助你重整旗鼓。

14. 三思而后行

你自觉前面困难重重，如履薄冰，得冒未知之险，那么，应该思前想后推敲种种可能性。毕竟你还有你的才能、朋友，大可另谋出路。因此，即使发生了最坏的情况，你也不至于不知所措，而且很快就能挨过去，拨开云雾，蓝天就在眼前。

15. 开创好明天

只懂得归咎自己运气不好的失败者才是真正的失败。你这样不思进取于事无补，已经失去的永远也追不回来，往事已矣，应一心一意把它抛在脑后，努力向前，开创美好明天。

感悟挫折　超越挫折

尝过一次败绩你便从此一蹶不振，这可不是做人处事之道！何况人生哪会总是一帆风顺。在挫折和失败中重要的是做好自我反省，以免重蹈覆辙。

低潮中来点自励正能量

人生难免遇到低潮，当我们碰到低潮时，谁来拍拍我们的肩膀，给我们打气呢？

事实上，当我们碰到低潮时，真正能为我们打气的人寥寥无几。或许你的老师、朋友会为你打气，但他们也不可能天天拍着你的肩膀。父母呢？他们当然疼爱你，但他们却又是最有可能打击你的人——很多父母看到陷入低潮的子女，不但没有鼓舞，反而不断责骂。

当你碰到低潮时，要自己鼓励自己！

我们并不否定别人的鼓励作用，事实上，别人的鼓励会让你暂时走出无助，找到振臂一呼的感觉。可那股奋起的力量终究如昙花一现。

千万别乞求、期望得到别人的鼓励，因为那只会让你像个可怜虫，这种鼓励带有怜悯的意味。千万别依靠别人的鼓励来产生勇气和力量，因为你未来的路还会有许多坎坷，不是每一次你低潮的时候，都会有人来鼓励你。

要学会自己鼓励自己，让勇气和力量在自己心中油然而生。这样，你内在的能量就好比开了泉眼，泉水自己源源涌出，任何时候、任何状况，你都可自己取用。

遇到低潮时，你首先要有的就是“活下去”的决心，因为这是“自己鼓励自己”的先决条件。

你要告诉自己：我一定要走过这个低潮，我要做给别人看，向所有人证明我的强韧！我要为自己争一口气，不要被别人看轻。

有了这样坚定的信念，你便会从此崛起、无所不能。当然生活中还会有挫折、沮丧和漫漫长夜的等待，只要你秉着一支希望的烛，播下辛勤的种子，人生便会收获丰硕的果实。

你可以在墙上贴满励志标语，每天在固定的时间默念；你可以找个僻静的地方，痛快地流泪；你可以拼命看成功人物的传记；你可以借助运动来强化意志，忘却沮丧。

感悟挫折　超越挫折

当你遭遇心灵低谷的时候，要保持内心淡定坦然，多给自己打气，自己鼓励自己。告诉自己：只要相信自己，不懈努力，就一定能战胜困难，迎来人生的春天！

耐心等待春天的来临

无论你怎么渴望，在春天未来临之前，樱花绝不可能盛开；无论你怎样焦急，在时机尚未成熟的时候，做事必然无法成功。严冬来了，春天就不远了。樱花即使是被凛冽的寒风吹打，或遭遇到压弯树枝的大雪，仍然宁静地等待春天的驾临，充分表现了对于大自然恩惠的信赖。

一个名叫尤尔加的美国人的故事就很好地说明了这个道理。

尤尔加在底特律生活了一段时间以后搬到了新奥尔良。他在底特律时只是一个铅管匠，努力了好多年，也没有发展起自己的事业，原因是缺乏资金。

刚搬到新奥尔良的时候，他带着老婆、三个孩子和120元，那是他全部的家当和资产。搬来后的第一天，他找了八家铅管公司，可是没有人愿意雇用他，那些人只是告诉他人手已经够了。

无奈，第二天他跳上了一辆公共汽车，走过了一条长长的、繁忙的大街。那条街上有几家快餐店，他记下了窗口上张贴征聘店员广告的店名。走到路尽头时，他跳上了另一辆返回家的车，一路上去了四家快餐店，可是都没有找到工作。

最后，总算第五家的经理对他有点兴趣。他向那个经理保证，他工作勤奋，而且做人诚实。那个经理告诉他，薪水相当低，但他告诉经理待遇不成问题，他会为顾客提供一流的服务。

他的工作一直做得都很努力，结果在六个星期之内他成了那家快餐店的营业部经理。在那期间，他结识了不少顾客，根据他们的要求，他改善了服务质量，提高了工作效率。九个月后，这家快餐店的老板把他叫到了办公室。原来这个老板除了经营餐饮业之外，还有别的投资项目，尤其是在房地产方面也搞得不错。这个老板看他的能力很强，也很敬业，就想派他去一座有 90 户的大厦当助理经理。

他当时就愣住了，然后告诉这个老板，他只当过铅管匠，对管理大厦一无所知。但老板笑着对他说："我查过你在快餐店的记录，利润增加了 83%。管理大厦与管理快餐店的道理其实是一样的——乐于助人、推行计划和委派。我想你一定能让大厦保持客满，准时收到房租，而且保养良好。"

结果他接受了那个工作——工资是他在快餐店时的三倍，还有一间漂亮的公寓。两年后，他已经升为了高级经理，不久以后，他就有了足够的钱来开创他自己的事业——创办一家大规模的铅管企业。

尤尔加选择了一份很少人愿意去做的工作，但他最终却成就了自己的事业。所以从哪里开始并不重要，重要的是你知道自己要到哪里去。即使你选择了最不起眼的工作，如果能让自己的目标明确起来，那你就能在平凡的岗位上为不平凡的事业做出充分的准备，就能为自己的事业打下坚实的基础，就可能实现自己的梦想，成为一个成功的人。

不如意的事情过去了，好的时机必然来临。因此，凡是成大事的人，无不会等待时机的来临；既不焦急，也不慌张，静静地处理眼前的工作。成功之人等待时机的心情，恰似等待春天的樱树。然而，消极地等待，无异是企求侥幸。樱树虽然静静地等候春天，却无时不在养精蓄锐；没有储蓄潜力，时机纵使到了，仍然一无所成。

感悟挫折　超越挫折

时机对于静静等待它的人，无不以温暖的双手去迎接。因此，我们要能养成善待时机的心理。在等待时机的过程中，积蓄自身的力量是必要的，正所谓蓄势待发。

风雨之后现彩虹

有一天，俄罗斯剧作家克雷洛夫在街上行走。

忽然，有个年轻的果农走上前来，拦住了他的去路。只见果农拿着一个果子，向克雷洛夫兜售。

年轻人腼腆地对他说："先生，请你帮忙买些果子吧！不过，我要老实告诉你，这些果子其实有点酸，因为这是我第一次种果子。"

克雷洛夫见这个果农如此诚实，心生好感与怜惜，便向他买了几个果子，并对他说："小伙子，别灰心啊！你以后种的果子会越来越甜的，我第一次种的果子也是酸的。”

年轻人一听，以为遇到了“同行”，连忙向他请教：“你以前也种过果树吗？后来呢？”

克雷洛夫笑着说：“我啊！我收获的第一个果实，是《用咖啡渣占卜的女人》。不过，当时没有一个剧院愿意演出这个剧本。”

不必担心未来的结果，只要仔细检查眼前的步伐有没有错误失算，走一步便修正一步，并学会坦然面对我们迈出的每一步，那么当我们站在终点时，自然能站立得踏实又稳健。

人的一生难免遇到跌倒与挫折，我们每个人都可以像克雷洛夫一样，善于自我调侃，不要害怕我们跨出的第一步，应该把难堪的窘境当成人生的必然经历。

很多时候，我们自认为“不走运”，于是伴随我们的可能是消极抑郁、悲观绝望情绪。“假如生活欺骗了你”，事情的结局太出乎我们预料，对自己打击太大。此时，不妨反复吟诵“牢骚太盛防肠断，风物长宜放眼量”的佳句，笃信“乐极生悲”“苦尽甘来”的哲理，不要忧愁、不要悲伤、不要心急，更不要凄凄惨惨戚戚。

应该知道，世界上有许多事情，是没法尽如我们心意的；同时，我们个人的力量，也是有一定限度的。不要把这些不尽如人意的事情变成我们的困扰，学会把它们当成人生道路上必须要跨越的沟沟坎坎。

人们都希望自己的生活中能够多一些快乐，少一些痛苦，多些顺利，少些挫折。可是命运却似乎总爱捉弄人、折磨人，总是给人以更多的失落、痛苦和挫折。此时，我们要知道，困境和挫折也不一定会是坏事，它可能使我们的思想更清醒、更深刻、更成熟、更完美。

在这个世界上，有阳光，就必定有乌云；有晴天，就必定有风雨。从乌云中解脱出来的阳光比从前更加灿烂，经历过风雨的天空才能绽放出美丽的彩虹。

感悟挫折　超越挫折

挫折是一种人生经历，既然不能避免，我们不妨把它看成是成功的前兆，为了迎接彩虹，我们要以平常心来接受风雨。

生命之花在绝境中盛开

托尔斯泰在他的散文名篇《我的忏悔》中讲了这样一个故事：

一个男人被一只老虎追赶而掉下悬崖，庆幸的是在跌落过程中他抓住了一棵生长在悬崖边的小灌木。此时，他发现，头顶上，那只老虎正虎视眈眈，低头一看，悬崖底下还有一只老虎，更糟的是，两只老鼠正忙着啃咬悬着他生命的小灌木的根须。绝望中，他突然发现附近生长着一簇野草莓，伸手可及。于是，这人拽下草莓，塞进嘴里，自语道：“多甜啊！”

生命进程中，当痛苦、绝望、不幸和危难向你逼近的时候，你是否还能抽空享受一下野草莓的滋味？苦中求乐才是快乐的真谛。

第二次世界大战期间，一位名叫伊莉莎白·康黎的女士在庆祝盟军在北非获胜的那一天收到了一份电报，她的侄儿，她最爱的一个人死在战场上了。她无法接受这个事实，她决定放弃工作，远离家乡，把自己永远藏在孤独和眼泪之中。

正当她清理东西，准备辞职的时候，忽然发现了一封早年的信，那是她侄儿在她母亲去世时写给她的。信上这样写道：我知道你会撑过去。我永远不会忘记你曾教导我的：不论在哪里，都要勇敢地面对生活。像男子汉那样，能够承受一切的苦难。她把这封信读了一遍又一遍，似乎他就在她身边，一双炽热的眼睛望着她：你为什么不照你教导我的去做。

康黎打消了辞职的念头，一再对自己说："我应该把悲痛藏在微笑下面，继续生活，因为事情已经是这样了，我没有能力改变它，但我有能力继续生活下去。"

人生是一张单程车票，一去无返。在荷兰首都阿姆斯特丹一座教堂废墟上留着一行字：事情是这样的，就不会那样。藏在痛苦泥潭里不能自拔，只会与快乐无缘。告别痛苦的手得由你自己来挥动，享受今天盛开的玫瑰的捷径只有一条：坚决与过去分手。

"祸福相依"最能说明痛苦与快乐的辩证关系，贝多芬"用泪水播种欢乐"的人生体验生动形象地道出了痛苦的正面作用，传奇人物艾柯卡的经历更传神地阐明了快乐与痛苦的内在联系。

艾柯卡靠自己的奋斗终于当上了福特公司的总经理。1978年7月13日，有点得意忘形的艾柯卡被妒火中烧的大老板亨利·福特开除了。在福特工作已32年，当了8年总经理，一帆风顺的艾柯卡突然间失业了。艾柯卡痛不欲生，他开始喝酒，对自己失去了信心，认为自己要彻底崩溃了。

就在这时，艾柯卡接受了一个新挑战——应聘到濒临破产的克莱斯勒汽车公司出任总经理。凭着智慧、胆识和魅力，艾柯卡大刀阔斧地对克莱斯勒进行了整顿、改革，并向政府求援，舌战国会议员，取得了巨额贷款，重振企业雄风。在艾柯卡的领导下，克莱斯勒公司在最黑暗的日子里推出了K型车的计划，此计划的成功令克莱斯勒起死回生，成为仅次于通用汽车公司、福特汽车公司的第三大汽车公司。1983年7月13日，艾柯卡把生平仅有的面额高达8.13亿美元的支票交到银行代表手里，至此，克莱斯勒还清了所有债务，而恰恰是5年前的这一天，亨利·福特开除了他。事后，艾柯卡深有感触地说：奋力向前，哪怕时运不济；永不绝望，哪怕天崩地裂。

罗曼·罗兰说过："痛苦像一把犁，它一面犁破了你的心，一面掘开了生命的新起源。"古人讲"不知生，焉知死？"不知苦痛，怎能体会到快乐？痛苦就像一枚青青的橄榄，品尝后才知其甘甜，这品尝需要勇气！其实，要让自己快乐非常简单，那就是少一份绝望，多一份自信，在身处绝境时，懂得苦中求乐，才是人生的真谛。

感悟挫折　超越挫折

娇艳的生命之花常常盛开在血、泪、汗浸泡的人生土壤里。正如诗人惠特曼所说："只有受过寒冻的人才感觉得到阳光的温暖，也只有在人生战场上受过挫败、痛苦的人才知道生命的珍贵，才可以感受到生活之中的真正快乐。"

失势中积蓄能量，反败为胜

由俭入奢易，由奢入俭难。同样道理，由低势到高位，面对鲜花，面对掌声，面对显赫，你自然感觉不到因为环境巨变而带来的不适应感，然而要是突然失势了，由高势落入了低势，奉承没了，笑容没了，优势没了，往日那些所谓的朋友突然也都不再是朋友了，这时候的你会突然认识到人间冷暖，突然感到无所适从，这些突然的变化或许会让你招架不住，倒塌下去。

失势大多表现为一种社会位置的降低，这种社会位置的降低往往会带动心理高度的降低，一旦心理高度降低了，很可能会带来不良情绪，比如失去自信、郁郁寡欢等，这些不良情绪将很大程度上影响个人今后的发展。失势带来了消极，消极带来了再一步的失势，再一步的失势导致了更消极，这样的恶性循环可能最终导致人的彻底崩溃。

失势并不可怕，可怕的是失势后的认命。有的人失势以后，终日郁郁寡欢，完全丧失了斗志，或者成了一个“盲人”，看不到现实中的落寞，仅仅是幻想着昨日的繁荣重新回来，却不付出一丝一毫的努力。

我们应正确看待人生变化的曲线，争取看待这种失势现象。人生不可能是一条一成不变的直线，相反它是一条带有上下波动的曲线，时而高，时而低，才尽显人生百态，尽显酸甜苦辣。所以，高势和低势都是人生的一种状态，我们虽然一直在追求高势，也钟情于高势给我们带来的快感，但是幻想人生一直处于高势不过是我们每一个人的美好愿望罢了，任何一个人也不可能永远的高高在上。能够坦然地接受这种人生曲线变化，坦然地面对失势或得势，才是一个心智成熟的人的表现。

越王勾践就是历史上有名的一位智者。

春秋时期，吴越两国相邻，战事不断。有次吴王领兵攻打越国，被越王勾践的大将灵姑浮砍中了右脚，最后伤重而亡。

吴王死后其子夫差继位。3 年以后，夫差为报杀父之仇，带兵前去攻打越国。公元前 497 年，两国在夫椒交战，结果这次吴国大获全胜，越王勾践被迫转移到会稽。吴王趁机追击，把勾践围困在会稽山上，越王勾践形势非常不妙。为了讨好吴王，勾践听从了大夫文种的计策，准备金银财宝和美女偷偷地送给吴国太宰，试图通过太宰向吴王求情。

吴王最后答应了越王勾践的求和，于是越王勾践表示投降，并和其妻一起前往吴国。为了表示忠诚和歉意，他们夫妻俩住在老吴王的墓旁的石屋里，做看守坟墓和养马的事情。夫差每次出游，勾践总是拿着马鞭，恭恭敬敬地跟在后面。后来吴王夫差有病，勾践为了表明他对夫差的忠心，竟亲自去尝夫差大便的味道，来判断夫差病愈的日期。夫差病好的日期恰好与勾践预测的相合，夫差也认为勾践对他敬爱忠诚，于是就把勾践夫妇放回了越国。

越王勾践几年来的忍辱终于获得了回报，虽然处于劣势，可是他并没有被打倒，相反他充满了斗志，立志要报仇，把昔日的王位和荣耀再次夺回来。为了不忘掉昔日的耻辱，越王勾践睡觉就卧在柴薪之上，坐卧的地方还挂着苦胆，时常含于口中，思忆一下曾经所经历的苦难。经过十年的准备，越国终于东山再起，恢复了强国的面貌，打败了吴国。

有时候，失势反而让你更加深刻地看到事情的本质，看到人性的善恶，体会到人间冷暖。失势让你重新认识到哪些人才是真正的朋友，哪些事值得你重新去做，哪些弱点你应该克服，哪些优点你应该加以利用。如此说来，失势反而让你更加清楚地理解了人生，看清了自己。虽然说高势美好，可是当失势真的到来的时候，我们既然没有能力阻止，只能坦然地接受，或许它真实的面目也是上帝赐予你的一个礼物。

感悟挫折　超越挫折

智者面对失势，能够正视现状，能够坚强地接受困境，同时也努力地改变着这种局面，争取在最短的时间内扭转自己的弱势，重新实现辉煌。

善待失意，走出低谷

月有阴晴圆缺，人生也是如此。情场失意、朋友失和、亲人反目、工作不得志……类似的事情总会不经意纠缠你，此时你的情绪可能已经跌至低谷。

其实，生活中的低谷就像是行走在马路上遇到的红灯一样，不妨把它看作是为了维持我们人生某种秩序的必要调适，不妨利用这段时间来做个短暂的休息，放松绷紧的神经，为绿灯时更好地行走打下基础。

处在人生的低谷，悲观、痛苦、怨天尤人都没有用，只会让自己越陷越深。越是逆境，我们越应该保持清醒的头脑和理智，全面认识自己的优点和不足。不妨利用这个机会反省一下，重新认识自己。看到自己的优点，让心情归于平静，重新鼓起勇气，走出低谷；或是发现自己的弱点与缺点，这也是一种进步，一种智慧，一种超越。

历史上许多伟人，许多有成就者，都有过失意的时候，但他们都能失意不失志，都能做到胜不骄，败不馁。司马迁因李陵一案而官场失意，但他没有被打垮，反而成就了他“史家之绝唱，无韵之离骚”的传世之作。

蒲松龄一生梦想为官，可最终也没能如意，但他是幸运的，因为他能及时反省，能及时掉转人生的航向。《论语》中说：“朝闻道，夕死可矣。”如果他不能及时省悟，便不会有流芳后世的《聊斋志异》问世，他的大名也不会永载史册。

美国最伟大的总统林肯曾有两次经商失败，两次竞选议员失利的经历。但他最终还是得到了成功女神的垂青，成为美国历史上与华盛顿齐名的伟人。试想，如果他在经商失意时不能及时醒悟，不能及时易辙，那他可能连成功的门都摸不着。

失意并不可怕，只要及时醒悟，可能你会从此踏上另外一条通往成功的大道。失意时最忌情绪低落，最忌破罐子破摔，一定想着做点什么帮助自己渡过难关。

失意时可以先大哭一场，把失败的苦痛尽快彻底释放出来。痛苦之后必轻松，哭过以后，一定要及时反思，思考自己错在何处，如果还有挽救的余地，那不可轻言放弃；如果实在是无可救药，自己在这一方面没有什么优势和天赋，那就到了下一步：痛下决心，改弦更张，重新绘制人生的宏伟蓝图。

人生的航船并非一帆风顺，有风平浪静，也有大浪滔天。风平浪静时，不喜形于色；大浪滔天时，不悲观失望，我自岿然不动。只有这样，人生的大船才能顺利地驶向成功的彼岸。

感悟挫折　超越挫折

失意并不可怕，只要不失志。学会善待失意，才能走出人生的低谷，赢得属于自己的一片天空。

低谷中铸就生命的辉煌

人生如海，潮起潮落，既有春风得意、马蹄萧萧、高潮迭起的快乐，又有万念俱灰、惆怅莫然的凄苦。

傅雷先生说过："人一辈子都在高潮与低潮中沉浮，唯有庸碌的人，生活才如死水一般，或者要有极高的修养，才能豁然无累，真正得到解脱。"

如果把人生的旅途描绘成图，那一定是高低起伏的曲线，它可比呆板的直线丰富多了。

"人生得意须尽欢，莫使金樽空对月"。当我们快乐时，我们不妨尽情地享受着快乐，珍惜我们所拥有的一切。而当生活的痛苦和不幸降临到我们身上时，我们也不要怨叹、悲泣。

常见许多人处于生命低谷时一味地抱怨、苦恼，长期沉溺其中不能自拔，终日被泪水和无奈的情绪包围着。其实，仔细想来，抱怨、折磨自己又有何用？只能徒增自己的痛苦，让自己坠落得更深、更惨罢了！

我们应该超脱一些！为什么不换个角度想想，同命运抗争呢？

人类历史上许多伟人都是在生命低谷中成就惊天动地的事业的，司马迁，将苦难的心锁进历史，为人类缀成了《史记》这串美丽而珍贵的项链。

曹雪芹，将苦难的人生倾注在生活的大观园，为后人留下《红楼梦》这道绚丽的彩虹。

为什么伟人能在生命低谷中铸就生命的辉煌，而我们却不能呢？

当生活中的低潮涌向我们生命之岸时，让我们庆幸吧，庆幸自己终于有时间思考了，终于有时间好好审视自己走过的路了。仔细想想，自己的生命之路哪一步走歪了，哪一步走慢了，哪一步走得不稳了。

然后，积蓄我们的力量，伺机待发，生命的下一个辉煌定会光顾我们！

人生之路充满选择和转折，当我们处在人生的低谷时，可能就预示着转折的来临。

人生的不幸向人们昭示的不纯粹是灾难，它或许告诉我们原来的那种活法不适合我们，或许告诉我们原来的要求、目的和现实有偏差，它用不幸来提示我们，让我们暂时的心灰意冷，给我们一个静心思考的机会。

这个时候，我们如果能抓住冥冥之中命运之神给予我们的这个暗示，我们前面的路就会豁然开朗。

学会面对磨难，不要错过人生的失意时刻，也许当生命之神把我们抛入低谷时，正是我们人生腾飞的最佳时节。

感悟挫折　超越挫折

调适自己的心情，学会走出人生的低谷，呈现在我们面前的，将是一片湛蓝的天空。

第九章

愈挫愈奋，人生终将翻盘

面对挫折，是迎接挑战还是望而却步？面对挫折，是满怀信心还是心灰意冷？面对挫折，是继续奋斗还是就此放弃？面对挫折，是愈挫愈奋还是一蹶不振……

成功的人不是从未被击倒过，而是被击倒后仍然能积极地向成功之路迈进。生活中无论什么击倒了你，你都应泰然自若，永不言败，跌倒了再爬起来战斗。屡败屡战、愈挫愈奋、百炼成钢、百折不挠，如此，你终将登上成功的巅峰。

失败是人格的试验地

要测验一个人的品格，最好是看他失败以后怎样行动。失败以后，能否激发他的更多的计谋与新的智慧？能否激发他潜在的力量？是增加了他的决断力，还是使他心灰意冷？

爱默生说：“伟大高贵人物最明显的标识，就是他坚定的意志，不管环境变化到何种地步，他的初衷与希望，仍然不会有丝毫的改变，而终至克服障碍，以达到所企望的目的。”

“跌倒了再站起来，在失败中求胜利。”这是历代伟人的成功秘诀。

有人问一个孩子，他是怎样学会溜冰的？那孩子回答道：“哦，跌倒了爬起来，爬起来再跌倒，就学会了。”使个人成功，使军队胜利的，实际上就是这样的一种精神。跌倒不算失败，跌倒了站不起来，才是失败。

也许过去的一切，对一些人来说是一部极痛苦、极失望的伤心史。所以，有的人在回想过去时，会觉得自己处处失败，碌碌无为。

他们竟然在衷心希望成功的事情上失败了，或许他们所至亲至爱的亲属朋友，竟然离他而去，也许他们曾经失掉了职位，或是创业失败，或是因为种种原因而不能使自己的家庭得以维系。

在这些人看来，自己的前途似乎是十分的惨淡。然而，即便有上述的种种不幸，只要你不甘永远屈服，胜利就在远方，就在向你招手。

失败是对一个人的人格试验，在一个人除了自己的生命以外，一切都已丧失的情况下，内在的力量到底还有多少？

没有勇气继续奋斗的人，自认失败的人，那么他所有的能力，便会全部消失。而只有毫无畏惧、勇往直前、永不放弃人生责任的人，才会在自己的生命里有伟大的进展。

有人或许要说，已经失败多次了，所以再试也是徒劳无益，这种想法真是太自暴自弃了！对失败永不屈服的人，就没有所谓失败。无论成功多么遥远，失败的次数多么多，最后的胜利仍然在他的期待之中。

狄更斯在他小说里讲到一个守财奴斯克鲁奇，最初是个爱财如命、一毛不拔、残酷无情的家伙，他甚至把全部的精神都钻在钱眼里。可是到了晚年，他竟然变成一个慷慨的慈善家、一个宽宏大量的人、一个真诚爱人的人。

狄更斯的这部小说并非完全虚构，世界上也真有这样的事实。人的本性都可以由恶劣变为善良，人的事业又何尝不能由失败变为成功呢？现实生活中这样的例子也不少，许多人失败了再起来，沮丧而又不惧怕挫折，抱着不屈不挠的无畏精神，向前奋进，最终竟然获得了成功。

世界上有无数人，已经丧失了他们所拥有的一切东西，然而还不能把他们叫作失败者，因为他们仍然有一个不可屈服的意志，有着一种坚韧不拔的精神。

世间真正伟大的人，对于世间所谓的种种成败，并不介意，所谓“不以物喜，不以己悲”。

这种人无论面对多么大的失望，都不会失去镇静，这样的人终能获得最后的胜利。

在狂风暴雨的袭击中，那心灵脆弱的人们唯有束手待毙，但这些人的自信精神、镇静气概，却依然存在，而这种精神使他们能够克服外在的一切境遇，去获致成功。

感悟挫折　超越挫折

许多人要是没有遇到失败，就不会发现自己真正的才干。他们若不遇到极大的挫折，不遇到对他们生命本质的打击，就不知道怎样焕发自己内部贮藏的力量。

人生是场永不停歇的战斗

大部分人在一生中都不会一帆风顺，难免会遭受挫折和不幸。但是成功者和失败者非常重要的一个区别就是：失败者总是把挫折当成失败，因而每次挫折都会动摇他胜利的信念；成功者则是从不言败，在一次又一次挫折面前，总是对自己说“我不是失败了，而是暂时还没有成功”。

一个暂时失利的人，如果继续努力，打算赢回来，那么他今天的失利就不是真正的失败；相反地，如果他失去了再战斗的勇气，那就是真输了！

美国著名电台广播员莎莉·拉菲尔在她30年职业生涯中，曾经被辞退18次，可是她每次都放眼最高处，确立更远大的目标。最初由于美国大部分的无线电台认为女性不能吸引观众，没有一家电台愿意雇用她。

她好不容易在纽约的一家电台谋到一份差事，不久又遭辞退，说她跟不上时代。莎莉并没有因此而灰心丧气。她总结了失败的教训之后，又向国家广播公司电台推销她的节目构想。电台勉强答应了，但提出要她先在政治台主持节目。

“我对政治所知不多，恐怕很难成功。”她也一度犹豫，但坚定的信心促使她去大胆地尝试了。

她对广播早已经轻车熟路了，于是她利用自己的长处和平易近人的性格，大谈即将到来的7月4日国庆节对她自己有何种意义，还请观众打电话来畅谈他们的感受。听众立刻对这个节目产生了兴趣，她也因此而一举成名了。

如今，莎莉·拉菲尔已经成为自办电视节目的主持人，曾两度获得重要的主持人奖项。她说：“我被人辞退18次，本来可能被这些厄运吓退，做不成我想做的事情。但结果相反，我让它们鞭策我勇往直前。”

有些人总把眼光拘泥于挫折的痛感之上，很难再抽出身来想一想自己下一步如何努力，最后如何成功。

一个拳击运动员说：“当你的左眼被打伤时，右眼还得睁得大大的，这样才能够看清敌人，也才能够有机会还手。如果右眼同时闭上，那么不但右眼也要挨拳，恐怕连命都难保！”

因此，人生就犹如拳击比赛，即使面对对手无比强劲的攻击，你还是得睁大眼睛面对对手，如果不是这样的话，一定会失败得更惨。

感悟挫折　超越挫折

人的一生，需要不断的奋斗，唯有奋斗，才有成功！选择积极，战胜挫折，这便是人生奋进之路。

练就战胜厄运的刚毅个性

在生活的海洋中，事事如意、一帆风顺地驶在彼岸的事情是很少的。或学习上遇到困难，或工作中受到挫折，或生活上遭到不幸，或事业上遭到失败，这些都有可能发生。

当不幸的命运降临到我们身上的时候，我们应当怎么办呢？

唉声叹气，自叹“时乖运舛”，自认倒霉，这是一种态度。在打击和磨难面前，仅仅停留于无休止的叹息，不会帮助你改变现实，只会削弱你和厄运抗争的意志，使你在无可奈何中消极地接受现实。

悲观绝望，自暴自弃，这也是一种态度。一遇挫折就悲观失望，承认自己无能，这是意志薄弱、缺乏勇气的表现，也是自甘堕落、自我毁灭的开始。

用悲观自卑来对待挫折，实际上是帮助挫折打击自己，是在既成的失败中，又为自己制造新的失败；在既有的痛苦中，再为自己增加新的痛苦。

怨天尤人，诅咒命运，这又是一种态度。现实总归是现实，并不因为你埋怨和诅咒它而有所改变。遇到不幸的事，就恶语诅咒、怨天尤人，这是最容易的，但却也是最没有用处的。

埋怨和诅咒人人都会，但从埋怨和诅咒中得到好处的人却从来没有。

事实上，在诅咒之中，真正受到伤害的并不是诅咒对象，而只是诅咒者自身。

有的人在厄运和不幸面前，不屈服，不后退，不动摇，顽强地同命运抗争，因而在重重困难中冲开一条通向胜利的路，成了征服困难的英雄，掌握自己命运的主人。而有的人在生活的挫折和打击面前，垂头丧气、自暴自弃，丧失了继续前进的勇气和信心，于是成了庸人和懦夫。培根说："好的运气令人羡慕，而战胜厄运则更令人惊叹。"只有练就刚毅坚强的性格，才能应对和战胜一切挫折与不幸。

当接连不断的失败使爱迪生的助手们几乎完全失去发明电灯的热情时，爱迪生却靠着坚韧不拔的意志，排除了来自各个方面的精神压力，经过无数次实验，终于为人类带来了电灯的光明。在这里，爱迪生的超人之处，正在于他对挫折和失败表现出了超人的顽强刚毅精神。

生活中，人们对于那些冲破困难和阻力、经受重大挫折和打击而坚持到底的人的敬佩程度，是远在生活的幸运儿之上的。征服的困难愈大，取得的成就愈不容易，就愈能说明你是最后的成功者、真正的英雄。

感悟挫折　超越挫折

在生活中的不幸面前，有没有坚强刚毅的性格，在某种意义上说，是鉴别成功者与失败者、区别伟人与庸人的标志之一。

以意志之剑在挫折中开路

有能力做某件特别或独特的事是一回事，做不做得到是另外一回事。

在当今巨大的失败群体里面，有着大量未被开发的潜力。为什么拥有潜力的人却没能成功呢？

原因或许在于缺少取得成功的意志。

不要找一些愚蠢的借口，比如说你没有机会，没有人帮助你，没有人吹捧你，没有人拉你一把，没人让你变得重要，没人告诉你出路。

如果你有潜力，如果你真的称职，你就会在找不到路的时候开创出一条路来。

伟大的理想有助于激发强大的意志。人们的行动都是受动机支配的，而动机的萌发则起源于需要；什么也不需要或者说什么也不追求的人，不会有坚强的意志。我国古代“头悬梁，锥刺股”的故事主人公，正是满怀着自我实现的目的，成为了后人学习的榜样。

意志培养离不了克服困难的锻炼。这些困难有外部和内部之分：外部困难是客观的、外在的，内部困难是主观的、内在的。从心理学的角度讲，每一次意志锻炼，只有先克服内部困难，才能更好地克服外部困难。是生命中的各种困难磨炼了我们的体能和神经，增强了我们的勇气和力量。

一个人把他进取道路上所遇到的困难和不可能做到的事情看得越大，他取得成功的努力就会受到越多的限制。对一些人来说，他们看到前面的路充满了各种障碍、困难，便什么也不去做；但也有另外一些人，他们觉得自己比试图要阻止他们、试图要把他们束缚住、将他们绊倒的困难要强大得多，他们甚至根本就不会注意到这些绊脚石。

如果你正在努力做某件事，暂时不能挪开路上挡住你的石头，不要紧，不必感到沮丧。

那些在远处看起来大得吓人的困难在你走近的时候会渐渐变小。只要你有足够的勇气与自信，随着你不断前进，道路会为你而展开。

阅读那些伟大人物的生平，他们从奋斗的开始就在清理道路上的障碍，与他们所遭遇的困难相比，你的困难会相形见绌。

坚定你对自己的信心，你就能减弱困难的程度。生命的成功和效率取决于坚定、持久的决心以及做我们心里想做的事的能力。

据与尤里乌斯·恺撒同时代的人说，恺撒之所以能胜利，与其说是由于其军事才能，不如说是由于他的努力和决心。

有一种人，他们决定要充分利用他们的眼睛，绝不让任何前进时可能用得到的东西逃离他们的眼睛；他们的耳朵也随时都在倾听能够帮助他们的声音；他们的手总是张开着，以随时抓住每一个机会；对能够帮助他们在这世界上发展的一切事情他们都小心在意；收集人生的每一种经历，用来组成他们生命的伟大图画；他们的心灵也总是敞开着，以接受伟大的启示以及所有能激发灵感的东西，这样的人一定会有成功的人生。

对于这一点是没有什么“如果”或者“但是”的。这样的人只要有健康的身体，没什么能阻止得了他们最后的成功。

上天总是站在有决心的人的一边；意志总是能开创出一条路来，即使是在看起来不可能的地方。半臂的间隔将决定谁能在比赛中胜出；能行军更远的人将赢得战役的胜利；再多坚持 5 分钟，不退缩的意志就将赢得战斗。

感悟挫折 超越挫折

人的意志力能够促使人迸发出非同寻常的能量。无论前面有何挫折，若想继续前进，跨过难关，就需要你有永不屈服的坚韧意志！

挺住，意味着一切

在大海上航行的船没有不带伤的，能乘风破浪的船最后必然都会受伤。

英国劳埃德保险公司曾从拍卖市场买下一艘船，这艘船 1894 年下水，在大西洋上曾 138 次遭遇冰山，116 次触礁，13 次起火，207 次被风暴扭断桅杆，然而它从没有沉没过。

劳埃德保险公司基于它不可思议的经历及在保费方面带来的可观收益，最后决定把它从荷兰买回来捐给国家。现在这艘船就停泊在英国萨伦港的国家船舶博物馆里。

使这艘船名扬天下的是一名来此观光的律师。当时，他刚打输了一场官司，委托人也于不久前自杀了。尽管这不是他的第一次失败辩护，也不是他遇到的第一例自杀事件，然而每当想到这件事情，他总有一种负罪感。他不知该怎样安慰这些在生意场上遭受了不幸的人。

当他在萨伦船舶博物馆看到这艘船时，忽然有一种想法，为什么不让他们来参观参观这艘船呢？

于是，他就把这艘船的历史抄下来和这艘船的照片一起挂在他的律师事务所里。

每当商界的委托人请他辩护，无论输赢，他都建议他们去看看这艘船，因为在大海上航行的船没有不带伤的。

成功的秘密其实很简单，就是虽然屡遭挫折，却能够坚强地百折不挠地挺住。

如果你向命运认输，放弃追求，如果在挫折、失败面前意志涣散，就会很快并永远地沉沦下去，命运就会把你踩在脚下。只要摔倒后再爬起，失败后再坚持，不停地努力，困难就会怕你，挫折、厄运也会向你低头。

无论你遇到什么挫折，都要坚强地挺住，永不后退，永不放弃。太阳正是因为永不放弃，才最终冲破地平线光耀万里；小草正是因为永不放弃，不惧野火风霜，才最终绿满大地；江河正是因为永不放弃，一路向前，才冲最终汇成浩瀚的大海。

不论遇到多大的挫折，你都要把头抬起来，把腰板儿挺起来。坚强一点，挺一挺就过去了。

正如奥地利诗人里尔克所说的：“有何胜利可言？挺住意味着一切。”是的，挺住，意味着一切！挺住，你就能战胜一切困难！

感悟挫折　超越挫折

有些时候我们以为到了山穷水尽的时候，其实只要你挺住，再坚持一下，坚强一点，事情就会有转机。

咬牙坚持到最后胜利

德国天文学家开普勒，是个只在母腹中呆了7个月的早产儿。他一降生，就连遭不幸：天花使他成了麻子，猩红热又弄坏了他的眼睛。

父母双亲对这个多灾多难的小生命，没有爱和温暖，不愿负责任；陪伴着他度过一生的，除了宇宙和星辰，剩下的就是贫困和疾病。

早在孩提时代，开普勒的求知欲和上进心就极为旺盛，他的学习成绩一直在同学们中遥遥领先。正当瘦弱多病的开普勒尽情地遨游在知识海洋的时候，不幸的事情又降临到他的头上：父亲因为负债，不能继续供他读书。

失学之后，他只得到自家经营的小客栈里提酒桶、打杂。但是，他始终没有放弃学习。

成家之后，开普勒更加发愤地从事他在天文学方面的研究。他把自己写的书寄给远在布拉格的天文学家第谷·布拉赫。布拉赫对他很关注，回信表示欢迎他去布拉格。

去布拉格的路程是遥远的，妻子担心开普勒的身体受不了，劝他放弃此行。他坚毅果断地说：“无论怎样我们一定要去！”

途中，开普勒病倒了。在一家乡村小客栈里，他们住了几星期。带的一点点路费早就花完了，病人要买药，妻儿要吃饭，而周围又没有一个亲人。绝望中，开普勒只好向第谷·布拉赫求救。多亏这位同行慷慨相助，雪中送炭，这才使他一家活着熬到了布拉格。

在布拉格，开普勒竭力研究火星，想得到它的秘密。这个时期，是他一生中最快乐的时代。

可惜，好景不长，他的益友布拉赫溘然长逝。这不仅在事业上使开普勒受到严重损失，而且，他一家的生活也因此又陷入了困境。

有人说：“开普勒的一生，大半是孤独地奋斗……布拉赫的后面有国王，伽利略的后面有公爵，牛顿的后面有政府，但是开普勒的后面只有疾病和贫困。”

然而，没有任何阻碍能挡住开普勒。他倒了，又站起来。他失败了，失败了，失败了，但是他把这些失败收拾起来，建成一个高塔，终于抓着了天体运动的三大定律。

生活中有许多人做事最初都能保持旺盛的斗志，在这个阶段普通人与杰出的人是没有多少差别的。

然而，往往到最后那一刻，顽强者与懈怠者便各自显示出来了，前者咬牙坚持到胜利，后者则丧失信心放弃了努力，于是便得到了不同的结局。

要说成功有什么秘诀的话，那就是坚持，坚持，再坚持！

感悟挫折　超越挫折

生活中，顽强者咬牙坚持到胜利，懈怠者则丧失信心放弃了努力，于是便得到了不同的结局。

不忘初心，方得始终

成功者和失败者都有自己的“白日梦”。不过，失败者常常是虽祈望得到名声和荣誉，却从不真正为此做任何事情，所以只好在想入非非中度过一生。成功者则注重实效。

当他们决心把自己的希望和抱负变成现实的时候，即使在重重摔倒以后，也总是有理由坚强地站起来；他们从来没有被暂时的挫折击倒，而是勉励自己采取行动，抱定青山不放松，向着目标奋勇攀登。

成功者共有的一个重要品质就是在失败和挫折面前，仍然充分相信自己的能力，而不是轻信别人可能会说什么。考察一下一些知名人物的早年生活，就会发现他们中的一些人曾痛苦地遭到老师和同事的阻拦和泼冷水，而反对的焦点却恰恰是后来他们出类拔萃的方面。

人们断言他们绝对办不成想干的事，或者说他们根本不具备必要的条件。但他们不听这一套！坚定地按照自己的信念干下去。

滑雪教练员彼得·赛伯特首次透露他将开创一个新的项目时，大家都认为这简直是天方夜谭；站在科罗拉多大峡谷的一个山顶，赛伯特表述了那个从12岁就伴随他的梦想，开始向世人认为不可能的事情进行挑战。赛伯特的梦想——高台跳雪——现在已经成为现实。

年轻的伊内蒂·比萨刚从按摩学校毕业后想在加利福尼亚美丽的蒙特雷地区见习接诊。当地的按摩机构告知他该地按摩师为数众多，但却没有那么多的病人。

于是在4个月中，比萨每天用10个小时挨家挨户地毛遂自荐，上门服务。

他总共敲响了12500扇门，和6500个人交谈并邀请他们到他未来的诊所就医。

作为对他的毅力和诚挚的回报，在接诊的第一个月，他就医治了233名病人，并创下了当月收入72000美元的纪录。

赛乌斯博士的处女作《想想我在桑树街看到的》被27个出版商拒绝。但他没有放弃，终于，第28家出版社——文戈出版社看中了该书的潜在市场价值，很快出版并获得了600万册的销量。

《心灵鸡汤》在海尔斯传播公司受理出版之前遭33家出版社的拒绝。全纽约主要的出版商都说：“书确实好得很。但没有人爱读这么短的小故事。”然而现在《心灵鸡汤》系列在世界范围内售出了 1700 万册，并被翻译成 20 种文字。

不忘初心，方得始终。成功者总是年复一年地致力于某件事，以求得一条最合理的最实际的前进之路。

无论面对什么情况，成功者都显示出一往无前的勇气和坚持下去的毅力。

他们以一种大无畏的开拓精神，稳步前进在崭新的道路上，在困难和挫折面前泰然处之，坚定不移。

感悟挫折　超越挫折

不忘记自己最初的梦想，始终如一地坚守当初的信念，鼓足勇气、不屈不挠地向着梦想的方向奋进，你就能战胜任何失败，超越一切挫折，获得最后的成功。

百折不挠，坚持不懈

意志脆弱的人，如同一个瓷瓶，受不了轻微的打击。

一切成功的起点都是欲望，但在将欲望变为成功的过程中，坚韧的意志是人最重要的个性特点之一。

大凡成功者，人们都喜欢说他们冷酷无情。其实不然，他们只不过是能够冷静地面对事业进展过程中每一个关键时刻而已。正是因为这一点，他们才能在困难的形势下，稳健地追求着自己的目标。

而有些人却缺乏这样的个性，他们总是欲望强烈而意志脆弱。所以，遇到不利于自己的局势，就会听任脆弱的意志摆弄，直到所追求的目标成为记忆中一个遥远的影子。

成功需要你有坚持不懈的精神，不论遇到怎样的挫折，都要坚守自己的梦想，百折不挠，永不放弃。

坚持不懈不是要你永远守着一件事不放，而是要全力以赴做好眼前的事——先求耕耘，再问收获；渴求知识和进步，不辞辛劳争取新客户；提早起床，随时寻求提高效率的方法。

天才未必就能富有，最聪明的人也不一定会幸福。

财富不是天上掉下来的，只有辛勤工作、认真筹划和坚持不懈，才能有效。

精神病的候诊室里坐满了承受不起一时挫败的人，如果继续尝试、坚定不移，他们还有希望告别痛苦。

然而，他们却完全放弃了尝试，即使是最轻微的挫折他们也怯于承受，总是担心那会动摇他们的严格标准。

悲观无能、意志脆弱的人通常会自以为是、自作聪明。他们经常会满怀歉意地说“噢，这事我办不到”，“这对我太难了”，“我不可能成为这样的人”。他们真正的意思是，那不是我的责任，再说我也不具备那个能力，因此犯不着那么辛苦地全力奋斗。

相反地，豁达开朗、意志坚强的人洞悉世情、自知甚深。他们了解人非圣贤，孰能无过。他们知道偶然的挫败乃是人之常情。

为这样的事过分自责，未免浪费精力，不如把宝贵的精力投入到追求尝试下一次的进攻上。

感悟挫折　超越挫折

成功者永远都是那些被打倒了还会再爬起来的人。一次、两次不成，就再试几次。

能不能成功，全看你能否坚持到底。

多数人没有达到目标，原因就在于不能坚持。百折不挠的毅力，是成功人生的必备条件。

愈挫愈奋，没有过不去的坎

现实生活中，我们没有人不追求和向往美好，但老天好像就是要与人作对，总是在人生的道路上布满坎坷，总是不让人一帆风顺，各种各样的挫折总是在人不经意间横亘道上。

意志薄弱者遇到困难时，便心灰意冷，顾影自怜，整天精神萎靡，怨天尤人。而意志坚强者，则坚信人生没有过不去的坎，往往是愈挫愈奋，义无反顾，勇往直前，从哪里跌倒再从哪里爬起来。

美国一种家喻户晓的美食叫“琼斯乳猪香肠”，在它的发明背后有一段感人泪下的与命运作斗争的故事。该食品的发明人琼斯原来在威斯康星州农场工作，当时家人生活比较困难，但他身体强壮，工作认真勤勉，也从来没有妄想发财。

可天有不测风云，在一次意外事故中，琼斯瘫痪了，躺在床上动弹不得。亲友都认为这下他这一辈子可完了，然而事实却出人意料。

琼斯身残志坚，始终没有放弃与命运作斗争。他身体虽然瘫痪，但意志却丝毫没受影响，依然可以思考和计划。他决定让自己活得充满希望、乐观、开朗些；他决定做一个有用的人，他不想成为家人的负担。

他思考多日，最终把构想告诉家人："我的双手虽然不能工作了，我要开始用大脑工作，由你们代替我的双手。我们的农场全部改种玉米，用收获的玉米来养猪，然后趁着乳猪肉质鲜嫩时灌成香肠出售，一定会很畅销！"

老天不负有心人，事情果然不出琼斯所料，等家人按他的计划做好一切后，"琼斯乳猪香肠"一炮走红，成为人人知晓、大受欢迎的美食。

天无绝人之路，生活丢给我们一个难题，同时也会给我们解决问题的能力。

琼斯能够成功，是因为他坚信人生没有过不去的坎，坚信冬天之后有春天。他在困难面前没有低头，没有被挫折吓倒，而是勇往直前，终于迎来了属于自己的成功。

人生的道路充满荆棘与坎坷，但生命是美丽的，生活是美好的。生活中我们不必去乞求也不可能总是阳光明媚的艳阳天，狂风暴雨随时都有可能光临。

但只要我们有迎接厄运的勇气和胸怀，在打击和挫折面前不低头，跌倒了再重新爬起来，将自己重新调整，以勇敢的姿态去迎接命运的挑战，只要我们坚信人生没有过不去的坎，就一定能走出人生的辉煌。

感悟挫折　超越挫折

直面人生的挫折和压力，这样我们会变得更加坚强。愈挫愈奋，向挫折发起一次又一次的冲击，迎接命运的挑战，这样我们才能采摘到挫折背后的成功果实。

树起屡败屡战的精神大旗

雨后，一只蜘蛛艰难地向墙上已被风雨吹打得支离破碎的网爬去，由于墙壁潮湿，它爬到一定的高度，就会掉下来，它一次次地向上爬，一次次地又掉下来。

第一个人看到了，他叹了一口气，自言自语："我的一生不正如这只蜘蛛吗？忙忙碌碌而无所得。"于是，他日渐消沉。

第二个人看到了，他说："这只蜘蛛真愚蠢，为什么不从旁边干燥的地方绕一下爬上去？我以后可不能像它那样愚蠢。"于是，他变得聪明起来。

第三个人看到后，立刻被蜘蛛屡败屡战的精神感动了。于是，他变得坚强起来。

正如故事中的三个人一样，有成功心态者处处都能发现成功的力量。

其实每一件事情，无论结果是成还是败，其中都会有积极的因素，成功者往往可以从中得到收获，并化为自己前行的动力。而缺乏成功素养的人，则只会看到失败的一面，正如故事中的第一个人，失去了前进的勇气，这就是成功和失败的主要原因。

所谓成功的素养其实很简单，就是相信只有经受失败和困惑才能获得成功；就是深知只有立即采取切实的行动才是获得成功的唯一途径；就是深信，只要努力了，一定会取得成果。所以，立即行动、不畏艰辛、充满希望才是成功者所必备的心态。

大哲学家尼采说过：“受苦的人，没有悲观的权利。”因为受苦的人，必须克服困境，一味地悲伤和哭泣只能加重伤痛，所以不但不能悲观，而且要比别人更积极。在冰天雪地中历险的人都知道，凡是在途中说“我撑不下去了，让我躺下来喘口气”的同伴，很快就会死亡。因为当他不再走、不再动时，其体温就会迅速地降低，接着很快就会被冻死。

在人生的战场上，如果失去了跌倒以后再爬起来的勇气，我们就只能得到彻底的失败。

在我们向成功之路迈进的每一天里，都需要用不服输的心态去鞭策我们自己，屡败屡战，越挫越勇，从每一次挫折中坚强地站起来。只有如此，我们才能收获每一天的成就与充实，才能笑到最后，成为真正的赢家。

感悟挫折　超越挫折

面对挫折的考验，唯有以正确的态度、昂扬的斗志迎难而上，不消沉、不迷惑、不脆弱、不退缩，屡败屡战，才有成功的希望。

屡败屡战，成为自己的英雄

有一位医学博士，他经过 201 次实验研制了脊髓灰质炎疫苗，结束了这一病症对人类的肆意蹂躏。

有一次人们问他："你取得了如此卓越的成就，彻底结束了脊髓灰质炎对人类的肆虐，取得这样的成就后，你是怎么看待先前的 200 次失败的呢？"

博士这样回答："我这一生中从来没有经历过 200 次失败，我的字典上没有'失败'这个词。前 200 次尝试增加了我的经验，让我学到很多东西，实际上是我做了 201 次实验。没有前 200 次实验，我不可能得到这样的结果。"

在前进的路上，我们可能会做错，可能走了弯路，可能离原来的目标更远了。

但是，这一切都是宝贵的体验和收获，是那位医学博士所谓的“200 次实验”之一，如果我们愿意进一步地尝试和努力，那么原来的错误就是我们前进的阶梯。但是，如果我们在挫折之后对自己的能力或“命运”发生了怀疑，产生了失败情绪，想放弃努力，那么我们就已经失败了。

满心希望讨老师喜欢的差生，由于经常受到老师的责骂，由于自己基础差，不管怎样努力也得不到老师的好脸色，结果就可能破罐子破摔，放弃了努力，甚至走上了跟老师故意作对的道路；不善交往的腼腆的人，在跟人接触的时候，老是冷场，老是感到不自在，不快乐，结果认了“命”，过起孤独的生活，开始回避所有的人。

类似的事情，不胜枚举，但都有一个共同点，那就是事件的主人，觉得自己无能为力，感到灰心丧气，认为不得不放弃了，一句话，他们觉得自己在这件事情上失败了。

因而，所谓失败其实就是自己的一种感觉，是在通往目标的过程中，由于自己的行动多次受阻而产生的绝望感，是自己在自己心中滋养起来的“纸老虎”。对于这种吓人的张牙舞爪的“纸老虎”，你不打，它是不会倒的。

所以，将“失败是成功之母”换个表达方式可能更好一些，那就是“错误和尝试是成功之母”，而失败仅仅是自己的一种感觉，一种绝望的感觉。

事实上，没有什么失败，失败仅仅存在失败的人的心中。只有屡败屡战的人才是真的英雄，才能真正体验生活的味道，享受成功的喜悦！

感悟挫折　超越挫折

屡败屡战，在每一次跌倒后再次站起来，在每一次挫折后再次崛起，重新去迎接更多的挑战的人，才无愧为真正的英雄。

附　录

挫折测试：战胜自我，超越挫折

你的情商指数如何

对下列题目做出“√”或“×”的选择。

1. 与你的同学或者朋友发生争吵后，你能在他人面前掩饰住你的沮丧。

2. 当学习碰到困难时，你认为这是对未来的警告。

3. 在你最好的朋友开始说话以前，你就能分辨出他（她）处于何种情绪状态。

4. 当你担忧某件事时，你在夜里几个小时难以入睡。

5. 你认为大多数人必须更加努力而不要轻易放弃。

6. 与你最好的朋友告诉你一些好消息相比，你更易受一部浪漫片的感染。

7. 当你的情况不妙时，你认为到了你该改变的时候了。

8. 你经常想知道别人是怎样看待你的。

9. 你为自己能使每个人高兴起来而感到自豪。

10. 你厌烦讨价还价，尽管你知道讨价还价能使你少花20元。

11. 你十分相信直率地说话，而且认为这样能使一切事情变得更容易。

12. 尽管你知道自己是正确的，你也会转换这一话题，而不愿引来一场争论。

13. 你在学习中做出一个决定后，会担心它是否正确。

14. 你不会担心环境的改变。

15. 你似乎是这样一个人：对于周末去做什么，你总是能够提出有趣的设想。

16. 假如你有一根魔棒的话，你将挥动它来改变你的外貌和个性。

17. 不管你学习多尽心尽力，你的老师似乎总是在催促着你。

18. 你认为你的家人或朋友对你寄予厚望。

19. 你认为一点小小压力不会伤害任何人。

20. 你会把任何事情都告诉你最好的朋友，即使是个人隐私。

分数分配

每题选“√”记 1 分，选“×”记 0 分。各题得分相加，统计总分。

得分分析

1. 16 分以上

你对你的能力很是自信，因此，当处于强烈情感边缘时，你不会被击垮。即使你在愤怒时，也能进行有效的自我控制，保持彬彬有礼的君子风度。在控制情感方面，你是出类拔萃的，与他人相处也很融洽。

2. 7 ~ 15 分

你能意识到自己和他人的情感，但有时却忽视它们，不明白这对你的幸福是多么重要。你对下一步升学和就业等诸如此类事情的关心支配着你的生活。然而，无论实现多少物质目标，你仍然感到不满足。

3. 6 分以下

你过分注重自己，对别人关心不够。你喜欢打破常规，并且不会担心通过疏远别人来得到自己想得到的东西。你可能在短期内会取得一定成果，但人们不久就开始抱怨你。

你的抗挫折能力强不强

请在下列 10 道题中 A、B、C 三个答案中，选出最适合自己的一项。

1. 有十分令人担心的事时，你会 ___

A. 无法工作

B. 照常工作

C. 介于二者之间

2. 碰到讨厌的对手时，你会 ___

A. 无法应付

B. 应付自如

C. 介于两者之间

3. 遇上难题时，你会 ___

A. 失去信心

B. 动脑筋解决问题

C. 两者之间

4. 当困难落到自己头上时，你会 ___

A. 嫌弃和厌恶

B. 认为是锻炼自己的好机会

C. 兼而有之

5. 产生自卑感时，你会 ___

A. 不想再干工作

B. 振奋精神去干工作

C. 介于两者之间

6. 当领导给你很困难的任务时，你会 ___

A. 顶回去了事

B. 想一切办法完成

C. 顶一会儿再去干好

7. 当工作条件恶劣时，你会 ___

A. 无法干好工作

B. 克服困难干好工作

C. 介于二者之间

8. 工作中感到疲劳时，你会 ___

A. 总想着疲劳，脑子不好使

B. 休息一会儿，忘了疲劳

C. 介于两者之间

9. 当你遇上难题时，你会 ___

A. 失去信心

B. 动脑筋解决问题

C. 介于两者之间

10. 当你面临失败时，你会 ___

A. 破罐子破摔

B. 将失败变为成功

C. 随机应变

测试评分：

计分标准：选 A 为 0 分，选 B 为 2 分，选 C 为 1 分，将所得分数相加。

17 分及以上：说明你抗挫折能力很强，能抵抗失败和挫折。

10 ~ 16 分：你虽有一定的抗挫折能力，但对某些较大的打击依然难以抗衡，须加强心理素质的锻炼。

9 分及以下：你的抗挫折能力急需提高，甚至一些细小的挫折就能让你消沉半天。

你是否掌握了成功的秘诀

有人说成功的真正秘诀，在于没有秘诀。这种说法不无道理，因为成功的秘诀不止一条，对于不同的人，有不同的因素决定着他们的成功。要想知道自己是否掌握了成功的秘诀，做做下面的测试就知道了。

对于下面的每道题，从 1 ~ 5 五个数字中选择一个数字，表示你对该陈述的认同度或者适合你的程度。一共 35 道题，每条陈述只选择一个数字。选 5 表示你最认同或是最适合于你，顺序递减到 1 表示你最不认同或是最不适合于你。

1. 我是实干家，不是空想家。

2. 我努力工作是因为被自己内心的信仰和追求所驱动，而不仅仅是为了酬劳。

3. 在生活中，我总是自己创造机会，无论好坏。

4. 我总是觉得下班时间太早。

5. 我是那种总有很多工作要做的人。

6. 我是一个特别自信的人。

7. 我从不放弃好的计划。

8. 为了得到想要的东西，我有时会很无情。

9. 无论其社会地位如何，我总让人们感觉在我的公司工作是一段有意义的经历。

10. 完美是不可能的理想。

11. 尽力做好每一件事十分重要。

12. 人生的成功远远不限于实现自己设定的目标。

13. 尽管我深深地爱着我的业余爱好，但我还是会准备放弃它，如果这样做对我而言意味着事业成功的话。

14. 我很喜欢刨根问底。

15. 我认为应当抓住人生的每一个机会，哪怕有时要冒一定的风险。

16. 我很容易对某一件事情长时间地集中注意力。

17. 我总是展望未来。

18. 我不是万金油式的三脚猫。

19. 我可以毫不费力地向别人表达自己的想法和感受。

20. 每一天我都感觉自己更加自信。

21. 世界上没有所谓的好的失败者，尽管有些失败者的情形会略好一点。

22. 我不害怕成功，尽管这可能给我带来敌对者。

23. 做任何事我都永不放弃。

24. 如果不与其他人交往，不可能获得成功。

25. 当我在别人的公司时，我感觉自己很重要并且很特别。

26. 每个人都可以克服社会隔阂。

27. 我强烈认为，一旦开始工作，就要有始有终。

28. 我不喜欢听其他人吹嘘自己的成就。

29. 我比一般人的担忧要少得多。

30. 我从不采取折中的办法。

31. 在大批听众面前演讲时，我不会感到紧张。

32. 我不害怕失败。

33. 努力工作是成功之道。

34. 我很清楚五年后自己大概是什么样子。

35. 我是那种不断尝试的人。

分数分配

你选择 1 ~ 5 数字中的哪一个，就得几分，最后计算总分。

得分分析

1. 126 ~ 175 分

你的得分表明，如果你现在还没有成功，那么你的成功也是指日可待的；如果你已经获得了一定程度上的成功，那么你还将取得更大的成功。你几乎拥有成功所需要的所有品质，例如性格、坚持、才能和想象力。当然还有最重要的雄心壮志，它激励着你努力实现你所能够达到的成就。需要警惕的是，你要注意不可成为完全的工作狂，不要以牺牲家庭或者最终的个人幸福为代价。如果你能够成功地维持两者之间的平衡，那么无论是在个人生活还是在事业生涯上，你都能实现大部分目标。

2. 90 ~ 125分

你确实渴望成功，并且拥有许多成功所需要的品质，但是也许你工作应当再努力一些，并且向自己再灌输一些自信心，相信自己可以获得成功；也许你仅仅是在梦想成功，却没有指望能够实现。只有依靠自己，并且消除自我怀疑，才能够将这些梦想变成现实。许多成功者都为自己设计目标，然后从自己目前所处的位置向目标迈进。

3. 低于90分

如果希望在自己从事的领域中获得成功，你还需要付出大量的努力。对有些人而言，成功是拥有一份收入可观的稳定工作，并且能胜任这份工作；对另一些人来说，成功是在自己从事的行业中到达顶峰。不管如何定义成功，关键是给自己一个明确的定位。